Le guide du HOME STUDIO

EDITIONS ESI

Vous tenez entre les mains une compilation des meilleurs articles publiés dans La Bible de la musique sur PC. *La rédaction a sélectionné pour vous les articles les plus représentatifs en ce qui concerne la musique assistée sur ordinateur (M.A.O) : les meilleurs logiciels pour créer de la musique, comment choisir son matériel, et bien entendu, des guides pratiques pour les prendre en main.*

Bonne lecture à tous !

SOMMAIRE

FOCUS

Native Instruments
Traktor Pro

Type : Logiciel de mix
Site : www.native-instruments.com
Prix : 199 €

Traktor est un habitué de nos colonnes, et pour cause, c'est l'un des meilleurs logiciels du genre. Ce fut l'un des premiers à disposer d'un détecteur de beat efficace capable d'affranchir le DJ du calage manuel au tempo. Cette fonction a fait du chemin, et avec cette nouvelle, elle est devenue encore plus pertinente. Contrairement aux précédentes versions, il n'est pratiquement plus nécessaire d'appliquer une « beat grid » manuellement, c'est quasi automatique. Il suffit de charger un morceau sur l'une des platines pour que Traktor analyse et détermine le bon tempo. Il lui arrive encore parfois de se tromper, mais quand cela arrive

1°] La nouvelle interface

Traktor Pro dispose d'une toute nouvelle interface. Dorénavant les principales informations se situent dans les trois sections principales des platines. La section « Move » réunit toutes les fonctions qui concernent les mouvements. C'est ici qu'il est possible de modifier le point d'entrée ou de sortie d'une boucle, de faire un saut de mesure quantifié, ou bien de déplacer la position d'une boucle tout le long d'un morceau. La section « CUE » s'occupe comme il se doit de gérer tous les repères importants des morceaux. Point de chargement du morceau, refrain, break… notez qu'il est dorénavant possible de mémoriser 8 CUE par morceau et d'y accéder d'une simple pression sur un bouton. Pour finir, la section « Grid » permet de gérer précisément la grille associée à chaque morceau (détection précise du BPM).

2°] Prendre ses marques

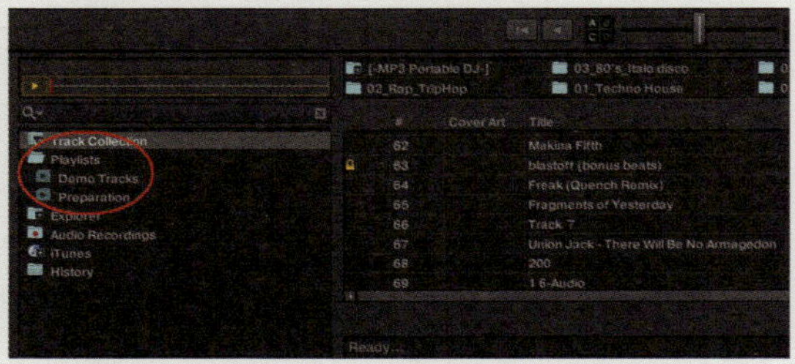

En bas de l'interface on retrouve le classique browser qui permet d'accéder à ses répertoires. Glissez-déposez l'un d'eux dans la section des raccourcis pour y accéder plus tard en un seul clic. Double-cliquez sur un morceau pour le pré-écouter sans avoir besoin de l'insérer sur une platine. Le navigateur dispose de répertoires spécifiques, comme le répertoire Playlist, qui centralisera toutes vos playlists. Un clic droit sur ce répertoire et vous serez à même d'en créer une nouvelle. Une fois que vous l'aurez nommée, vous n'aurez plus qu'à glisser-déposer les morceaux dedans pour préparer votre set.

c'est souvent d'un multiplicateur 2 (en calculant un tempo deux fois moins ou deux fois plus rapide que l'original) ; une pression sur un bouton permet de le corriger instantanément et de ne plus jamais en entendre parler. Pratique.

Une interface revue et corrigée

Chaque nouvelle version est l'occasion pour Native Instruments d'optimiser l'interface en fonction des retours utilisateurs. De ce point de vue-là, difficile de le prendre en défaut, toutes les fonctions principales sont directement accessibles, et il est possible de créer ses propres agencements pour répondre à des besoins spécifiques. Dans cette version, et encore plus que dans les précédentes, la moindre fonction peut-être assignée à une touche d'un clavier ou d'un contrôleur MIDI, ce qui permet d'oublier la souris. Nous y reviendrons un peu plus loin.
Autre nouveauté intéressante, Traktor Pro

3°) Personnaliser ses layout

Un layout est une configuration spécifique de l'interface. Affichez les éléments de l'interface qui vous intéressent puis enregistrez cette configuration dans un layout afin de pouvoir rappeler cette dernière instantanément en appuyant sur une touche ou en la sélectionnant dans un menu déroulant. Pour ce faire, allez dans la section « Deck Details » des paramètres puis choisissez les éléments qui vous intéressent. Une fois que c'est fait, rendez-vous dans la section « Layout Manager » puis cliquez sur ADD. Votre layout est désormais accessible dans le menu déroulant qui se situe en haut à droite de l'interface, et vous pourrez choisir une touche du clavier ou de votre contrôleur MIDI pour y accéder directement.

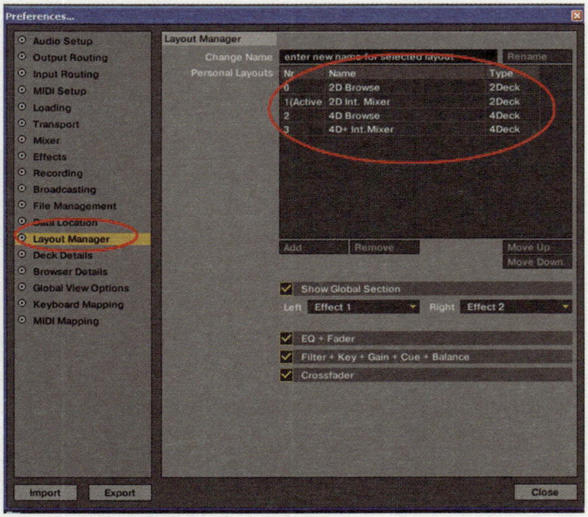

4°] Configurer ses contrôleurs MIDI

Mixer sur ordinateur ne signifie pas pour autant abandonner toute surface tactile, bien au contraire ! Si la version Scratch de Traktor Pro permet de contrôler les morceaux avec des vinyles timecodés, ceux qui n'ont pas de platines se contenteront d'utiliser le clavier de l'ordinateur et/ou des interfaces MIDI. Dans ce domaine-là, Traktor Pro va particulièrement loin, puisque chaque fonction est assignable. Cette phase peut demander beaucoup de travail en amont, mais une fois que c'est fait, la maniabilité s'en trouve décuplée. D'autant plus avec les macros, soit la possibilité d'assigner plusieurs fonctions à un seul bouton. On trouve déjà sur Internet des fichiers de configuration prêts à l'emploi pour les principaux contrôleurs du marché. Il suffit de les importer dans Traktor.

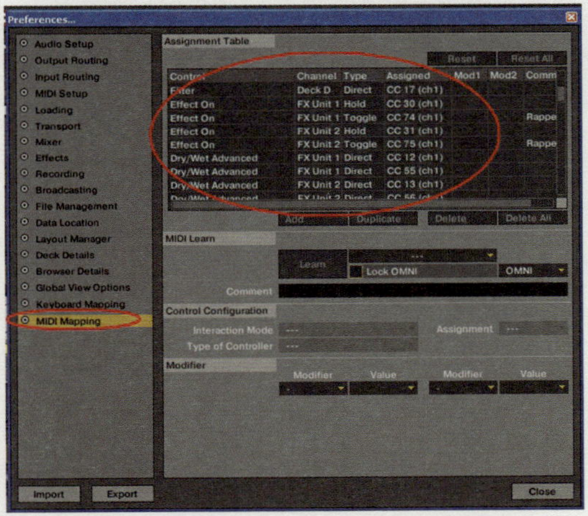

est désormais capable d'afficher les pochettes d'album que l'on trouve parfois dans les données des fichiers audio. Un repère visuel supplémentaire pour trouver rapidement un morceau.

Des tonnes d'effets supplémentaires

Traktor Pro, c'est surtout l'ajout massif de nouveaux effets, qui s'avèrent particulièrement efficaces pour « habiller » un mix. Mais ça ne s'arrête pas là, il est désormais possible de choisir entre un mode FX Advanced et FX Chained. Dans le premier, on ne peut utiliser que deux effets simultanément, mais dans ce cas on gagne un accès complet à tous leurs paramètres. En mode Chained, il est possible d'empiler jusqu'à trois effets simultanément pour créer des combinaisons intéressantes. En contrepartie on a accès à moins de paramètres. On retiendra également l'ajout d'un filtre par platine. Mais pas de n'importe quel filtre : un filtre passe-bas en tournant le potentiomètre sur la gauche, et un filtre passe-haut en le tournant vers la droite ! Deux effets classiques indépendants assignés sur un seul potentiomètre. Une excellente initiative qui permet d'économiser les slots d'effet pour autre chose. Ce filtre offre, en passant, une excellente alternative au classique trio Basse/Médium/Aigu pour les enchaînements en douceur.

Une nouvelle façon de mixer

Simple logiciel de mix au départ, Traktor n'a cessé d'évoluer pour proposer une nouvelle expérience. Aujourd'hui Traktor Pro se situe à la lisière entre un logiciel de mix... et un séquenceur 4 pistes ! Mixer à 4 platines n'est pas nouveau, ce qui l'est plus c'est la facilité avec laquelle on peut créer et rejouer des boucles audio. Chaque morceau peut mémoriser jusqu'à 8 points particuliers, de quoi

5°] Les nouveaux effets

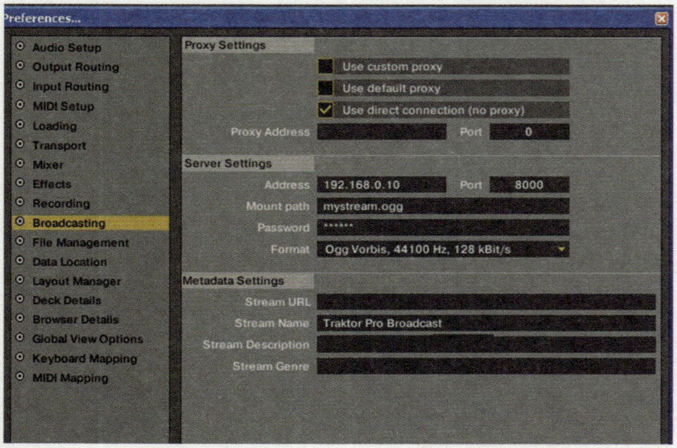

Traktor Pro ne propose dorénavant pas moins de 25 effets ! On retrouve bien entendu des classiques, comme plusieurs delay et reverb, mais certaines nouveautés intéressantes font leur apparition comme « Reverse Grain » et « Turntable FX ». Traktor Pro bénéficie clairement des avancées des autres logiciels de la firme. En mode « Advanced » on peut modifier tous les paramètres d'un effet, alors qu'en mode « Chained », et moyennant une réduction des paramètres de contrôle, on peut créer un empilement de trois effets différents. Chaque platine peut donc utiliser deux effets différents simultanément, ou bien deux groupes de trois couches. Notez que chaque effet sauvegarde les derniers paramètres utilisés en sortant du logiciel.

6°] Podcaster en temps réel !

Une fonction intéressante fait son grand retour, la possibilité de streamer son mix sur Internet ! Vous avez toujours eu envie de créer votre propre podcast ? Pour cela, il suffit d'installer un serveur Icecast sur votre ordinateur, de paramétrer Traktor Pro en conséquence, et de communiquer sur votre site Internet une adresse de type : http://votreIP:8000/mystream.ogg. À partir de là, n'importe qui sera en mesure de vous écouter en temps réel. Branchez un micro sur votre ordinateur et sacrifiez une platine pour qu'elle diffuse votre mix à la place d'un fichier numérique classique et vous êtes prêt pour devenir une star !

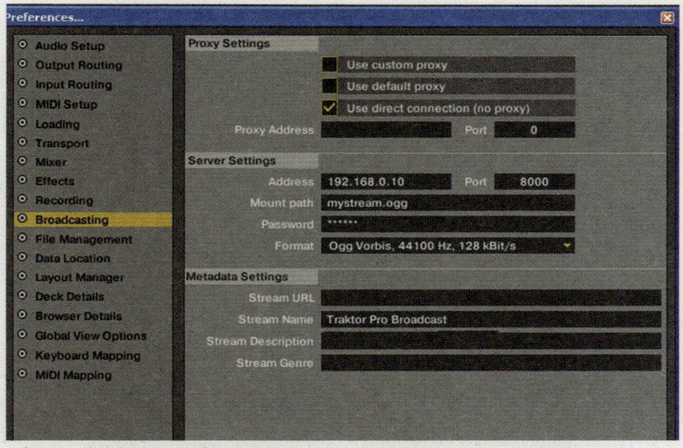

créer un remix en temps réel. Une fonction qui générera sans doute une nouvelle génération de DJ.

Les différences avec Traktor 3

Traktor Pro est une évolution de Traktor 3. Cette nouvelle version implique quelques différences qu'il est bon de connaître avant de faire la transition. En premier lieu, les amateurs de la fonction Native Mix Recorder devront dorénavant s'en passer. Cette fonction, qui permettait d'enregistrer non pas le mix en audio mais toutes les manipulations effectuées en temps réel (pratique pour enregistrer des mixtapes sans devoir recommencer à la moindre erreur), devrait néanmoins faire son grand retour dans une prochaine version, le temps de la rendre plus accessible. Traktor 3 disposait d'une interface pour acheter directement des MP3 en ligne via Beatport, ce n'est plus le cas.

FAW Circle

Type : Synthétiseur virtuel
Site : www.futureaudioworkshop.com
Prix : 149 €

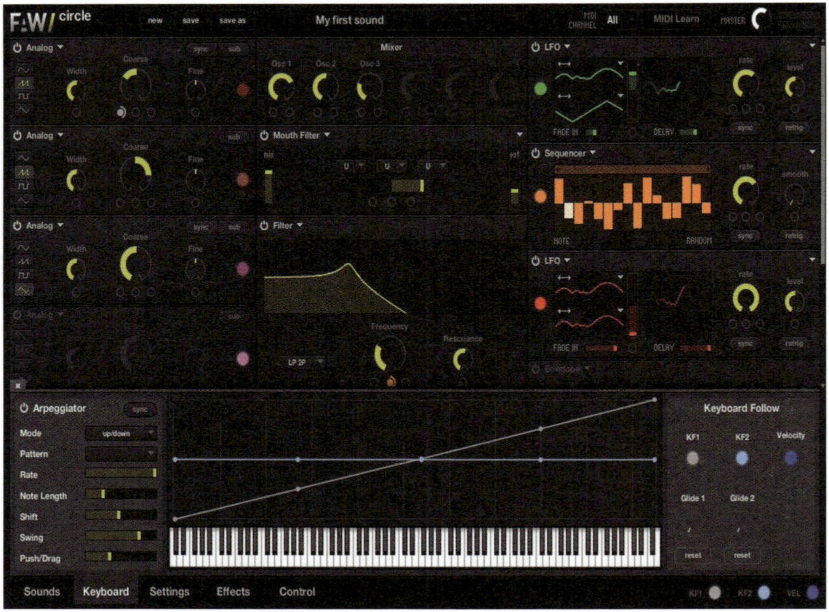

Future Audio Workshop (FAW) est un collectif européen d'ingénieurs, de programmeurs et de designers fondé en 2007 qui s'est donné pour but de créer des logiciels de musique innovants. Il n'aura pas fallu plus d'un an pour que le projet Circle aboutisse. Et comme vous allez vite vous en rendre compte, pour un premier essai, on peut dire que c'est particulièrement réussi.

Synthétiseur virtuel

Circle est ce que l'on appelle un synthétiseur virtuel semi-modulaire. Cela signifie qu'il est possible de connecter ses modules de synthèse de différentes façons, dans l'opti-

1°] Tour du propriétaire

Cliquez sur l'icone de Circle, ou insérez-le en tant que plug-in dans votre séquenceur pour faire apparaître son interface. Tout en haut se trouve la barre de menu. Au centre, les différents modules de synthèse classés par colonne. À gauche se trouvent les sources sonores avec les oscillateurs. Ces derniers sont de deux types : modélisation analogique et table d'ondes. On passe de l'un à l'autre par un petit menu déroulant se situant dans l'intitulé des modules. Au centre, tous les modules qui sculptent le son en temps réel, comme les filtres et une partie des effets. Là aussi, on accède à différents choix en développant les menus déroulants. À droite se trouvent les sources de modulation qui donnent de la vie aux sons. Enveloppe, LFO, séquenceur, cinq espaces sont disponibles. À vous de choisir ce dont vous avez besoin : cinq LFO, ou bien quatre séquenceurs et une enveloppe. Pour finir, la barre du bas permet d'accéder à des fenêtres supplémentaires.

2°] Le royaume de la modulation

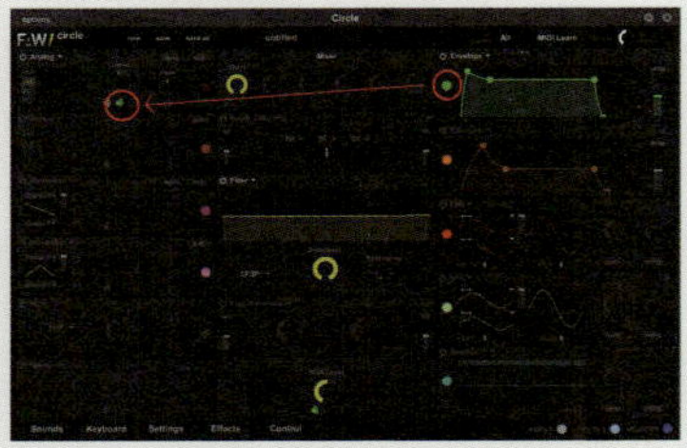

Utiliser un vrai synthétiseur modulaire consiste à tendre manuellement des câbles entre les différents modules pour les connecter. Bien entendu, c'est impossible de faire la même chose sur un ordinateur, c'est pourquoi il est courant d'utiliser des menus, en indiquant la source d'un côté et la destination de l'autre. Dans Circle, plutôt que d'utiliser des menus abstraits et un peu ennuyeux, il faut bien avouer, les développeurs ont choisi de rester dans l'esprit des techniques initiales. Ainsi, il suffit de cliquer sur un rond de couleur et de le glisser/déposer sur une destination. De cette manière, on voit tout de suite quel élément est modulé par un autre. Exemple : cliquez sur le rond vert de la première enveloppe et glissez/déposez-le sur le petit rond qui se situe en dessous du bouton « Coarse » du premier oscillateur. Vous venez de connecter une enveloppe au pitch de ce même oscillateur. Élégant, vous ne trouvez pas ? Pour ceux qui nous suivent régulièrement, on trouvait un système similaire dans le logiciel Massive de Native Instruments.

que de créer un panel de sons le plus large possible. Les moyens sont nombreux ; explorer toutes les combinaisons vous demandera beaucoup de temps, ce qui justifie en partie l'investissement dans ce logiciel. Quoi de plus énervant, en effet, que d'acheter un synthétiseur virtuel et de découvrir ses limites au bout de quelques sessions de travail ! C'est loin d'être le cas avec Circle, qui, de toute façon, sera amené à évoluer par une série de mises à jour. Avant de rentrer dans le vif du sujet, il peut être utile de préciser que Circle est disponible aux formats VST, Audio Unit, RTAS, qu'il fonctionne sur Mac et PC et qu'il peut se lancer de manière autonome. Entendez par là que vous n'aurez pas besoin d'un hôte VST (de type Cubase) pour l'étape de création des sons, ce qui est pourtant souvent le cas avec d'autres synthétiseurs virtuels du marché. Un excellent point de départ.

3°] Gestionnaire de patchs

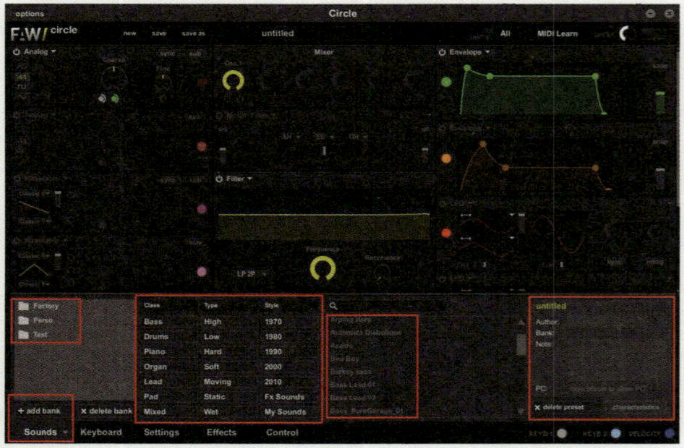

Bien classer ses sons est primordial pour s'y retrouver. Circle dispose d'un gestionnaire de sons bien pensé. Pour le faire apparaître, cliquez sur le bouton « Sounds » de la barre de menu inférieure. À gauche s'affichent les répertoires où se rangent les sons. Vous pouvez créer le vôtre en cliquant sur « + add bank » et en lui donnant un nom. À côté se trouve une liste de caractéristiques que vous pouvez assigner au son avant de le sauvegarder. Cela n'a aucun impact sur le son en lui-même ; en revanche, vous serez à même de les trier par mot-clé ou catégories quand vous en chercherez un en particulier. La fenêtre de droite, vous l'aurez deviné, permet de renseigner qui est l'auteur du son en question, et de lui associer un petit commentaire. Très pratique.

4°) Les effets

Circle dispose de sept effets et il est possible d'en utiliser jusqu'à trois en simultané. Là aussi, on les choisit en utilisant le menu contextuel qui se trouve à côté de chaque intitulé. Chaque effet fait apparaître son lot de contrôleurs, et un bouton permet de les muter pour économiser du CPU. Tous les effets partagent les mêmes contrôles Mix et Out. Le premier permet de régler la quantité de son que l'on veut faire transiter par l'effet. Le contrôleur Out, pour sa part, permet d'augmenter le niveau, si jamais vous le trouvez trop faible. Attention, n'abusez pas des effets car ils consomment une grande partie du CPU et, surtout, veillez à ne pas faire saturer le son en sortie. La place nous manque pour tous les passer en revue, sachez qu'ils sont de qualité et qu'ils ne sont victimes d'aucun clic disgracieux lorsque l'on change, par exemple, le timing des délais. Très appréciable, et pas si courant que cela.

Une approche visuelle et intuitive

L'équipe de FAW est constituée de designers, et cela se remarque tout de suite. L'une des particularités de Circle réside dans son interface. Tout a été fait pour faciliter la lecture. Dans l'optique de rendre son utilisation moins abstraite, chaque signal de modulation, chaque enveloppe génère une animation qui permet de comprendre « qui fait quoi », quand, comment, et à quelle intensité. Ainsi, les LFO sont animés de sorte que l'on puisse visualiser la courbe et chaque cycle, ce qui les rend tout de suite plus tangibles. Pour les enveloppes, c'est peu ou prou le même principe : un point (ou plusieurs en cas de son polyphonique) se déplace sur la courbe pour indiquer la position actuelle de la modulation. Une telle interface procure un confort d'utilisation et de lecture inégalable pour ceux qui débutent en synthèse, tout comme pour les utilisateurs avancés. Précisons également qu'un mélange bien pensé de codes couleurs et de glisser/déposer permet d'assigner très facilement et très naturellement une source de modulation à une destination. Nous y reviendrons dans les étapes.

Un son qui envoie du lourd !

La force de Circle ne réside pas exclusivement dans son interface. S'il nous a tapé dans l'œil, ou plutôt devrait-on dire dans les oreilles, c'est aussi parce que les sons qu'il est capable de produire sortent du tronc commun. Circle possède un large panel sonore et une chaleur que l'on associe plus souvent à un instrument analogique qu'à un logiciel de synthèse. Difficile de vous le prouver autrement qu'en vous invitant à installer la démo et à passer en revue les sons fournis. Mais cette qualité sonore a un prix, et c'est celui du CPU. Circle consomme en effet beaucoup de puissance de calcul. À

5°) Générateur aléatoire de sons

Circle est un logiciel complexe, mais suffisamment bien pensé pour que les nouveaux venus puissent trouver leurs marques en douceur. Dans un premier temps, il est conseillé de parcourir la généreuse banque de sons fournie en modifiant au hasard quelques paramètres pour comprendre par essais/erreurs leur fonction. Il est également possible de partir d'un son neutre en cliquant sur le bouton « new » qui se trouve en haut dans la barre de menu. Pour finir, une fonction Randomize permet de créer un nombre infini de nouvelles sonorités en un seul clic. Mais au lieu de ne proposer qu'un mode aléatoire au résultat musical incertain, les développeurs de Circle ont préféré proposer un mode Randomize contrôlé. Ainsi, il est possible de déterminer sur quelle famille de paramètres on désire que le hasard fasse son œuvre : sources, modifiers, modulation et master effects. Pratique quand l'inspiration fait défaut !

6°] MIDI et OSC

On finira cette rapide introduction par une fonction qui prouve une fois de plus la modernité de ce logiciel. Circle est compatible avec le format OSC, une alternative moderne au langage MIDI. Plus puissant, plus rapide, fonctionnant par réseau Ethernet, le format OSC est de plus en plus présent dans les interfaces MIDI du marché. C'est notamment le cas de la surface tactile Lemur. Dès lors, il devient possible de contrôler intégralement Circle *via* l'interface tactile de cette interface. Mais Circle n'en oublie pas pour autant le classique MIDI, bien au contraire. En cliquant sur le bouton MIDI Learn présent tout en haut, il est possible d'assigner, en un clic, n'importe quel paramètre de Circle à un bouton de votre interface MIDI. On aimerait que cela soit aussi simple avec tous les logiciels !

titre d'exemple, sur un ordinateur portable utilisé pour le test (un Pentium 1,73 GHz – 1 Go RAM), il n'est pas rare qu'un son polyphonique complexe consomme 50 % du CPU ! À ce rythme-là, difficile d'envisager plusieurs instances de Circle en simultané sans un ordinateur beaucoup plus puissant. Sachez néanmoins qu'un mode « économie de CPU » permet de calmer un peu la bête. Mais, bien entendu, cette fonction a un impact non négligeable sur la qualité du son.

Beaucoup de qualités

Circle dispose de fonctions très pratiques pour composer, gérer ses sons et en créer rapidement sans être un as de la synthèse. Ainsi, il dispose d'un mode de création aléatoire assez poussé, qui permettra aux débutants (ou aux feignants) de créer une infinité de sons, et ceci en seulement quelques clics et sans connaissances particulières. Mais avant d'en arriver là, il est temps de mettre les mains dans le cambouis ! Pour cela, rendez-vous sur le site officiel, téléchargez la démo, et en avant la musique.

Tone 2 Gladiator

Type : Synthétiseur virtuel - Mac/PC
Site : www.tone2.com
Prix : 149 €

Choisir un synthétiseur virtuel n'est pas une mince affaire. Il en existe des centaines, allant du plus simple au plus compliqué. Les plus simples ont l'avantage d'être faciles à utiliser mais on atteint rapidement leurs limites. C'est pourquoi, il peut être intéressant d'investir dans un synthétiseur plus complexe mais qui aura l'avantage de créer davantage de textures sonores. Gladiator fait partie de cette dernière catégorie.

Des sons variés

L'architecture de Gladiator est classique : une section oscillateurs, la source des sons, que l'on peut sculpter à l'aide de filtres, d'en-

I°] La section Oscillateurs

Pour commencer sur de bonnes bases, cliquez sur le bouton Init qui se trouve tout en haut de l'interface. Comme cela, nous partirons avec un son vierge. Le premier élément qui doit attirer votre attention se situe en dessous de la section OSC 1. C'est à partir de ce menu que l'on détermine la colonne vertébrale du son, un peu comme un sculpteur qui choisit une matière première avant de la sculpter. Pour commencer, il faut donc choisir une forme d'onde. Si vous n'y connaissez rien, essayez n'importe laquelle : de toute façon, c'est votre oreille qui décidera pour vous. Gladiator n'étant pas un plug-in autonome, il vous faudra le charger au préalable dans un hôte compatible VST, ainsi vous pourrez en jouer à l'aide d'un clavier MIDI classique.

2°] La section Oscillateurs (suite)

Le plus gros du travail se situe vraiment dans cette section, c'est pour cela qu'il est vraiment important d'en comprendre le principe. Vous voyez le premier menu Mod ? Après avoir choisi une forme d'onde de base (étape 1), essayez maintenant de choisir une forme d'onde dans ce menu. Écoutez le résultat, la forme d'onde que vous venez de choisir « module » le son de base, le déforme, le sculpte, bref, il le transforme pour créer autre chose. Vous pouvez déterminer la « force » de cette transformation grâce au bouton qui se trouve juste à côté. Une fois que c'est fait, réitérez l'expérience avec le deuxième menu Mod. Vous l'aurez compris, cela rajoute une 3e source de modulation. La texture du départ n'est déjà plus du tout la même. Essayez différentes formes d'ondes, changez la première, expérimentez, jusqu'à trouver une texture qui convienne.

veloppes, de LFO et d'effets. Mais ce qui le différencie des autres synthétiseurs, c'est sa section oscillateurs qui n'en propose pas moins de 74, totalisant 30 208 formes d'ondes ! Autant dire que les possibilités sont dantesques, surtout en tenant compte de la matrice de modulation. Tout ça est un petit peu technique, mais rassurez-vous, nous allons vous guider dans la création de votre premier son. Avant toute chose, attardons-nous encore un instant sur cette fameuse section oscillateurs qui rend Gladiator si puissant et, n'ayons pas peur des mots, complexe.

Des formes d'ondes qui interagissent

Il est temps de rentrer dans le vif du sujet ! Le cœur de Gladiator est constitué de deux sections oscillateurs, elles-mêmes constituées de deux oscillateurs. Ce qui signifie qu'il est possible de créer des sons faisant

3°] La section Filtres

Bien entendu, comme tout synthétiseur qui se respecte, Gladiator possède une section Filtres qui n'en propose malheureusement qu'un seul. Légèrement frustrant, surtout avec une section Oscillateurs aussi développée, mais ça sera tout de même suffisant pour obtenir des effets intéressants. Et puis, le nombre conséquent d'oscillateurs contrebalance un peu tout ça. Nous allons donc procéder comme dans les deux premières étapes, au coup par coup. Les connaisseurs trouveront leurs marques rapidement. Si c'est votre première fois, la règle de base, c'est d'expérimenter ! Choisissez un filtre, modifiez ses paramètres et écoutez. Pas besoin de sortir d'une école d'ingénieur du son pour commencer à faire du *sound* design, il suffit d'avoir des oreilles (et du goût mais bon ça, on vous le laisse !). Pour tester la texture du filtre, poussez le bouton Reso à fond à droite, puis jouez un peu avec le bouton Cutoff.

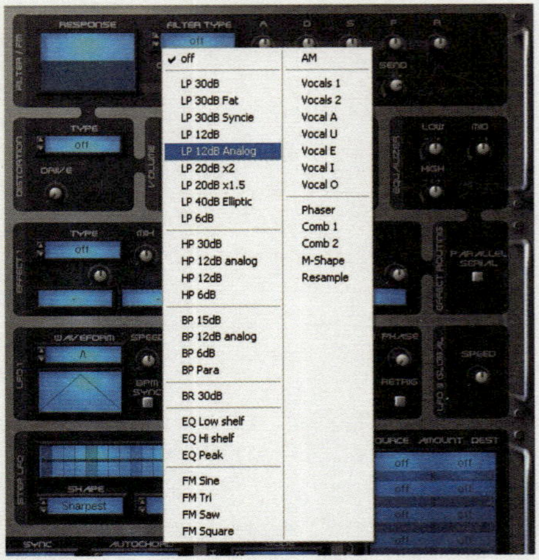

4°) La section LFO

Un synthétiseur serait d'une grande tristesse s'il ne proposait pas des outils permettant de moduler le son en temps réel. Et les LFO sont justement là pour remplacer les mains. Gladiator en propose 3, dont l'un est un peu spécial, nous allons y revenir. Les deux premiers sont des LFO classiques ; choisissez une forme d'onde (parmi 22 !), puis assignez-la à n'importe quel paramètre de Gladiator grâce à la matrice de modulation *(voir étape suivante)*. Instantanément, le paramètre en question se met à évoluer dans le temps et la texture de votre son avec. Le 3e LFO est un peu particulier car c'est un LFO programmable. Une sorte de miniséquenceur qu'il est bon d'associer au pitch des oscillateurs, ou bien au bouton Cutoff du filtre, pour les effets les plus évidents. Mais là aussi, essayez tout ce qui vous passe par la tête, souvent le hasard fait bien les choses.

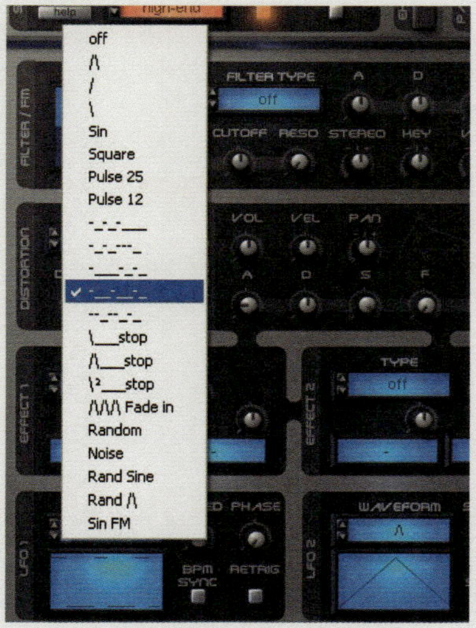

intervenir jusqu'à quatre oscillateurs simultanément. Ça serait déjà largement suffisant pour créer tout un panel de sons différents, mais Gladiator va beaucoup plus loin. En effet, les deux oscillateurs principaux (respectivement OSC 1 et OSC 3) peuvent être modulés par deux sources, puis combinés, ou à nouveau modulés par le second oscillateur. Concrètement, on commence par choisir la « matière première » du son en sélectionnant une forme d'onde parmi les milliers disponibles, qu'on utilise telle quelle ou bien que l'on module à l'aide d'une autre forme d'onde. L'interface lui donne un aspect compliqué mais en définitive, il suffit de sélectionner n'importe quelle forme d'onde au hasard et d'écouter le résultat. Une fois que la texture vous plaît, vous serez à même de la modifier grâce aux boutons associés. Vous vous apercevrez qu'en changeant les formes d'ondes, Gladiator calcule automatiquement le résultat et affiche un spectrographe de l'ensemble. Ce dernier n'est pas seulement là pour faire joli, il permet de repérer précisément une partie du son qui vous intéresse comme, par exemple, un mot dans une phrase.

Des outils classiques mais efficaces

Les autres sections de Gladiator ne vous poseront pas vraiment de problèmes si vous avez déjà eu l'occasion d'utiliser un synthétiseur. La section Filtres en propose 40 et possède sa propre enveloppe. Les LFO, qui permettent de moduler n'importe quel paramètre du son, ne sont pas non plus en reste, d'autant plus que les formes d'ondes proposées sont très originales. Là-dessus, il ne faut pas oublier la section arpégiateur et le step LFO programmables, tous deux très puissants, qui vous aideront à créer des

5°] Arpégiateur et matrice de modulation

La matrice de modulation permet donc en quelques clics d'assigner une « source » à une « destination », comme par un exemple, un LFO au pitch du son ou bien l'enveloppe du filtre à la vitesse du LFO. La puissance d'un synthétiseur peut se mesurer à la « profondeur » de sa matrice de modulation et celle de Gladiator est plutôt bien fournie car ce dernier ne propose pas moins de 6 sources de modulation en simultané ! Pour finir, la section Arpégiateur mériterait un paragraphe à elle toute seule. Cette section permet de créer des arpèges, mais contrairement à des dizaines de concurrents, celle-ci est programmable ! On est donc loin des arpégiateurs automatiques et minimalistes que l'on retrouve malheureusement sur un peu trop de synthétiseurs, parfois même sur certains qui coûtent très cher. Avec un step LFO, il devient très simple de créer des mélodies complexes.

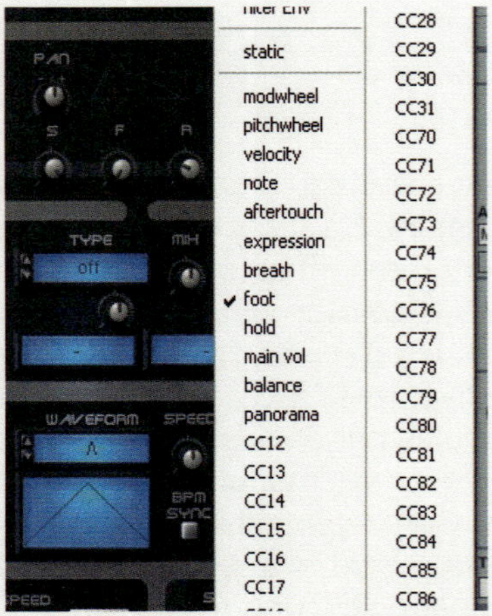

6°] La section Effets

Gladiator n'aurait pas été complet sans une section Effets et ceux qui sont proposés ici sont vraiment intéressants, tant et si bien qu'on aurait adoré pouvoir les utiliser « nus » sur une source audio externe à Gladiator. Espérons que cette possibilité sera ajoutée lors d'une prochaine extension. On regrettera cependant l'absence d'un compresseur et d'un limiteur, qui auraient permis de contrôler le son en sortie, car vous vous apercevrez très vite qu'en multipliant les sources et les effets, le volume grimpe très rapidement. Voilà ! Amusez-vous bien, expérimentez et surtout, n'oubliez pas qu'étudier les patchs fournis avec le logiciel est un excellent moyen pour apprendre à créer des sons tout seul.

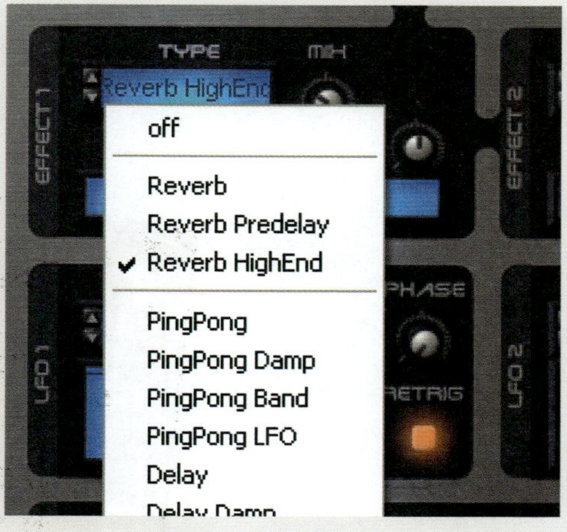

mélodies en deux coups de cuillère à pot. Pour finir, la section Effets viendra rajouter la petite cerise sur le gâteau, même si on aurait aimé y trouver un compresseur/limiteur, car empiler les formes d'ondes fait très vite saturer la sortie. Il faudra donc faire attention au volume.

Le meilleur est à venir...

En l'état, Gladiator est un excellent synthétiseur, mais Tone 2 prévoit d'ores et déjà de futures extensions et non des moindres, puisqu'il sera bientôt possible d'importer ses propres échantillons. Dès lors, toutes les folies deviendront possibles : on imagine déjà faire de la synthèse granulaire avec ses propres échantillons. Que vous soyez débutant ou utilisateur confirmé, cet instrument mérite que vous lui donniez sa chance. Pourquoi ne pas télécharger la démo sur le site officiel ? En attendant, on vous aide à faire votre premier son.

Propellerhead Reason 4

Type : studio virtuel
Site : www.propellerheads.se
Prix : 449 euros

C'est toujours avec une grande excitation que l'on accueille chaque mise à jour de ce fantastique logiciel. Déjà parce qu'elles sont rares, mais aussi parce qu'il fut le premier du genre. Eh oui, c'est bien la première version de Reason qui, en 2000, instaura l'ère des studios virtuels, ou plus simplement des logiciels disposant de tous les outils nécessaires pour composer un morceau de A à Z comme dans un studio professionnel. Reason est donc à la fois un séquenceur, des instruments, des effets, et un concept unique : en appuyant sur la touche Tabulation, on passe « derrière » les modules, révélant ainsi leur connectique. Dès lors, l'utilisateur est à même d'en changer les connexions au gré de ses envies et de ses besoins. Si les débutants se contentent des réglages par défaut, les baroudeurs, les habitués des studios utiliseront toutes leurs connaissances pour créer des sonorités extravagantes. Reason fait donc fonctionner l'imagination et de l'imagination, il en faut car les possibilités sont vastes. À cha-

1°] Modularité : une particularité unique

Reason se distingue des autres logiciels de composition par sa capacité à reproduire virtuellement le câblage des synthétiseurs. Cette particularité est très utile pour sortir des sentiers battus des connexions automatiques réservées aux débutants. Exemple : connectez la sortie d'un synthétiseur sur l'une des entrées audio du Vocodeur puis connectez une boîte à rythmes sur sa deuxième entrée. Vous obtenez un son de synthé modulé par les rythmes de la boîte à rythmes. Les possibilités sont virtuellement infinies, c'est d'ailleurs ce qui fait le charme des synthétiseurs dits « vintage » (modulaires ou non). Seul Reason a eu l'idée de reprendre ce concept et de l'appliquer à un studio virtuel. Il existe bien des logiciels modulaires fonctionnant sur le même principe, mais Reason a su rester très simple d'accès et le fait de pouvoir se passer de cette possibilité le rend unique.

2°] Une batterie d'instruments et d'effets

En tant que studio virtuel, Reason se devait de disposer d'instruments différents ainsi que de nombreux effets variés. Un peu comme un compositeur qui, avant d'écrire la moindre partition, choisit les musiciens et les instruments dont il aura besoin. De ce côté-là, Reason est plutôt bien fourni : sept instruments, dont trois synthétiseurs, trois samplers et une boîte à rythmes. Du côté des effets, on en dénombre seize, allant des effets traditionnels (réverb, delay, distorsion…) aux outils dédiés au mastering (compresseur, limiteur, équaliseur). Rajoutez là dessus un séquenceur principal puissant, un séquenceur de type analogique, une table de mixage extensible et un arpégiateur. Bref, il y a de quoi faire.

que mise à jour, les possibilités de connexion sont décuplées et c'est bien entendu le cas avec cette version.

Un logiciel complet et bien pensé

Reason propose beaucoup d'outils différents. Avant de composer, on commence par faire « ses courses » dans la liste des modules disponibles. De cette manière, Reason s'adapte au niveau de ses utilisateurs. Il est ainsi tout à fait possible de se contenter d'un synthétiseur et d'une boîte à rythmes, tout comme de connecter deux tables de mixage entre elles pour bénéficier de 28 pistes ! Les seules limites ? Votre imagination et la puissance de votre ordinateur. C'est lui qui décidera du nombre de modules que vous pourrez utiliser simultanément. Un indicateur vous indique la charge de votre processeur à tout moment. Si vous disposez d'un vieux coucou, nous vous invitons à télécharger la démo pour faire le test, vous risquez d'être surpris : Reason est très

3°) Thor : un nouveau synthétiseur

Nous avons déjà évoqué Reason dans ce magazine, c'est pourquoi nous nous focaliserons sur les nouveautés. Thor est LE nouveau synthétiseur de cette mise à jour. Mis en avant lors de l'annonce de Reason 4, force est de constater qu'il est particulièrement complet puisqu'en plus d'intégrer plusieurs types d'oscillateurs et de filtres, il dispose de son propre séquenceur entièrement paramétrable. On lui reprochera en premier lieu une interface… bordélique, n'ayons pas peur des mots, qui laissera pantois le plus motivé des amateurs. Pourtant, ce synthétiseur en a dans le ventre, il suffit d'écouter les patchs programmés pour l'occasion pour s'en rendre compte. Prévoyez plusieurs jours pour commencer à le prendre en main et plusieurs années pour en faire le tour.

4°] Regroove : ou comment faire groover ses partitions

Le « groove » est une notion musicale passée dans le langage commun. Pourtant, rares sont les personnes capables d'expliquer comment ce groove peut naître d'une composition. Les musiciens connaissent des astuces techniques pour faire « groover » leurs morceaux, eh bien Reason dispose pour la première fois d'un outil dédié ! Le principe ? Après avoir composé une partition, il suffit d'assigner plusieurs pistes au Regroove Mixer pour qu'ils les « réchauffent » en temps réel, sans toucher à la partition originale. Ainsi, il est possible d'expérimenter plusieurs réglages et de retrouver en un instant l'état original de ses pistes si on le désire. Concrètement, Regroove permet d'ajouter de légers décalages rythmiques entre les notes pour créer un effet « sautillant » ou « syncopé », ou tout simplement pour rendre une piste un peu trop calée sur le métronome, plus vivante. Il deviendra, à n'en point douter, l'outil préféré des amateurs de hip-hop.

bien programmé, il faut vraiment empiler beaucoup de modules pour commencer à le mettre sur les genoux. Bien entendu, un ordinateur puissant sera particulièrement indiqué pour les compositions faisant intervenir les modules les plus gourmands comme celui de réverb RV7000 ou le nouveau synthétiseur Thor.

À lire avant d'acheter les yeux fermés

Reason est resté le leader de sa catégorie pendant des années, mais les choses sont doucement en train de changer. Ses concurrents ont radicalement évolué ces dernières années, alors que Reason avance très lentement. La raison ? Ses créateurs refusent catégoriquement d'intégrer deux fonctions principales pourtant réclamées à cor et à cri par un grand nombre d'utilisateurs. Nous voulons bien entendu parler de l'audio et du midi out. Reason vous intéresse ? Alors vous devez savoir que vous ne pourrez pas vous enregistrer avec un micro, car il ne gère pas les entrées audio des cartes son. Si vous chantez ou que vous jouez d'un instrument, Reason ne vous permettra donc pas de vous enregistrer pour accompagner vos morceaux. Si c'est ce que vous vouliez, vous devrez obligatoirement utiliser Reason en parallèle avec un autre logiciel. Une perte de temps, d'argent et de puissance de calcul puisque deux logiciels consomment forcément plus de puissance qu'un seul. On ne peut pas tout avoir ! Sachez néanmoins que Reason est parfaitement capable de gérer des échantillons et des boucles, mais il faudra les enregistrer avec un autre logiciel. Autre source de frustration, si vous comptiez utiliser le puissant séquenceur de Reason pour piloter des instruments externes, oubliez tout de suite. Reason en

5°] Les nouveautés du séquenceur

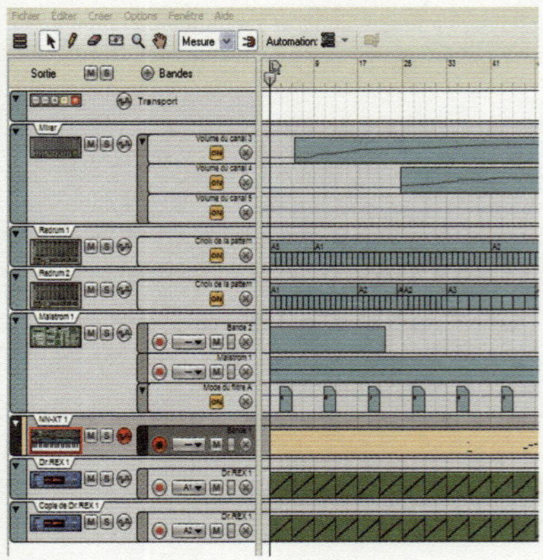

L'un des gros points forts de Reason, c'est de disposer d'un séquenceur très élégant, à la fois puissant et simple d'accès (peut-être même le plus simple du moment). Tellement simple qu'on aurait souhaité qu'il soit compatible MIDI afin de s'en servir comme séquenceur principal du studio ! Malheureusement, ça n'est pas le cas. S'il est parfaitement capable de gérer les messages MIDI entrants (générés par des claviers maîtres ou des surfaces de contrôle), il est incapable de piloter des instruments externes. Mais parlons plutôt des nouveautés. Plutôt que de révolutionner la façon de composer, elles simplifient le processus de composition : dorénavant, il est possible d'enregistrer plusieurs « passes » pour sélectionner sa meilleure prestation (très pratique pendant une improvisation). On notera également le regroupement des pistes MIDI et d'automation permettant de clarifier l'ensemble. Dorénavant, un instrument = une piste principale dans le séquenceur. Pour terminer, l'édition des automations est simplifiée par l'utilisation des vecteurs.

6°] RPG-8 : un arpégiateur puissant

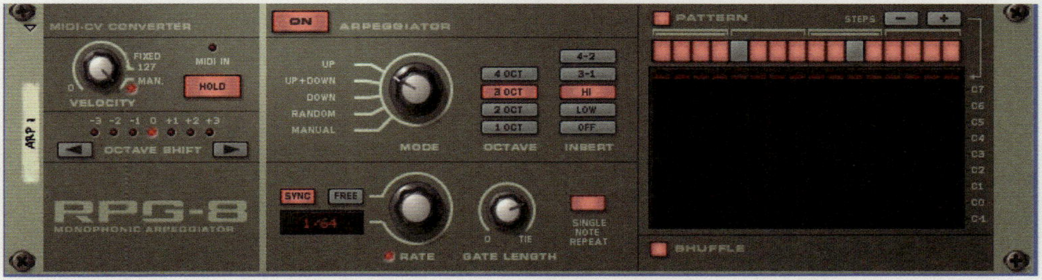

Dernier module mais non des moindres, RPG-8 est un arpégiateur qui vous permettra de programmer des arpèges complexes en quelques clics de souris. Son interface épurée dispose du minimum de contrôleurs, ce qui lui assure une prise en main immédiate. Vous n'avez jamais utilisé d'arpégiateur ? Celui-ci est tellement simple qu'il suffit d'agir sur quelques boutons pour obtenir très rapidement un résultat mélodieux. Attention cependant, facile d'accès ne veut pas dire simpliste, retournez donc le module avec la touche tabulation pour prendre conscience du nombre d'entrées/sorties et donc du nombre de possibilités. Un outil qui était très attendu par la communauté.

est incapable. Quand on connaît la puissance de son séquenceur et quand on voit avec quelle facilité on compose des morceaux, il y a de quoi grincer des dents !

Conclusion

Reason 4 est-il indispensable ? Si vous pouvez vous passer de l'enregistrement audio et du midi out, alors n'hésitez pas, les logiciels aussi bien pensés et optimisés sont rares. Vous en aurez pour votre argent – et pour des années ! Maintenant, si vous comptiez vous enregistrer ou piloter d'autres synthétiseurs et que vous n'avez pas envie d'utiliser plusieurs logiciels en même temps, alors Reason n'est peut-être pas la meilleure solution. Comme d'habitude, rien de tel qu'une démo pour se faire son propre avis ! En attendant, on vous explique toutes les nouveautés de cette version.

DOSSIER

Quel séquenceur choisir ?

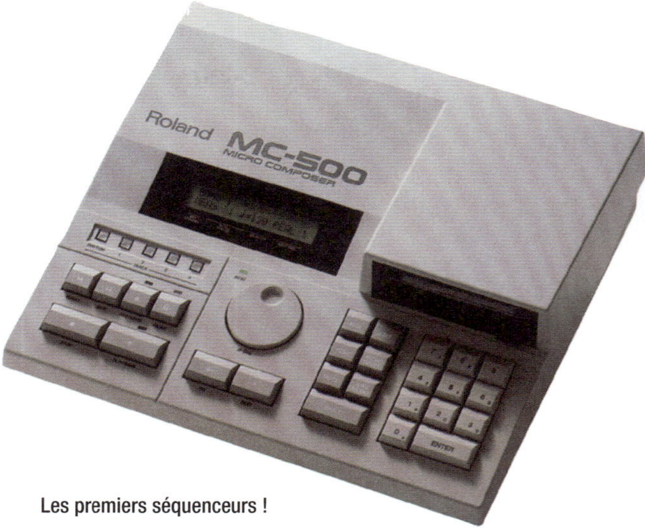

Les premiers séquenceurs !

À la fin des années 70, l'arrivée du magnétophone analogique multipiste va permettre à de nombreux musiciens de pouvoir enregistrer plusieurs pistes les unes après les autres et donc de composer d'une nouvelle manière, le rere était né (rere pour rerecording). Depuis cette époque, la plus grande partie des musiciens utilise cette technique. Aujourd'hui les magnétophones ont été remplacés par des logiciels capables d'enregistrer du son mais aussi des informations musicales grâce au langage MIDI. Concurrence oblige, les séquenceurs d'aujourd'hui proposent un nombre impressionnant de fonctions. Il est loin le temps du simple magnétophone !

N'importe quel ordinateur est capable aujourd'hui de se transformer *via* un séquenceur Audio/MIDI en un studio d'enregistrement ultra-perfectionné avec un nombre illimité de pistes. Mieux, ils se proposent également de vous fournir des effets audio et même des instruments virtuels.

Avec un tel potentiel, les leaders de la fabrication d'instruments de musiques modernes se sont intéressés de près à ce phénomène : Yamaha s'est offert Steinberg, Apple a racheté Emagic et Roland Cakewalk. Si, au départ, les différents séquenceurs du marché se distinguaient par des différences notoires, il faut reconnaître qu'avec le temps, ces différences se sont estompées, laissant place à un modèle quasi unique.

Le séquenceur d'aujourd'hui

Désormais, la grande majorité des séquenceurs proposent une fenêtre principale d'arrangement ou chacun peut construire à sa guise un titre en superposant des pistes audios et des pistes MIDI. Une fenêtre dédiée au mixage permettra ensuite d'ajuster les niveaux et d'ajouter des effets. Depuis quelques années, les éditeurs proposent avec leurs produits phares des instruments virtuels. Capables de dépasser le rendu sonore des Workstations à 3 000 euros, ils seront un atout précieux si vous souhaitez transformer votre ordinateur en un instrument de musique.

Comment choisir son séquenceur ?

Pour répondre à cette question, il est important de définir une méthode de travail. Elle est en partie dépendante de votre aptitude à utiliser un instrument de musique.

En effet, si vous ne souhaitez pas jouer de clavier et que vous ne connaissez rien à l'harmonie, il n'est pas indispensable d'investir dans un séquenceur avec une édition MIDI poussée assistée d'une grosse collection d'instruments virtuels. Votre démarche consiste plutôt à utiliser votre ordinateur comme un mini studio d'enregistrement et donc d'endosser pour l'occasion la casquette d'ingénieur du son. Dans ce cas, votre unique intérêt sera de privilégier l'enregistrement audio. Voici quelques solutions qui répondent à ce genre de demande :

DigiDesign - Pro Tools M-POWERED 7 (Mac et PC)

Pro Tools a été sans aucun doute l'un des premiers logiciels a s'être implanté dans les studios professionnels. Le logiciel était boudé par les compositeurs à cause de son absence de pistes MIDI, mais son architecture, qui reprenait au départ celle des magnétophones analogiques, s'est beaucoup développée. La dernière version 8, désormais, propose même un éditeur de partition avec

DigiDesign Pro Tools M-POWERED 7

Éditeur : Digidesign
Plate-forme : Mac et PC
Site : www.digidesign.com
Distributeur : Digidesign France
Prix : à partir de 299 euros

une série d'instruments virtuels très puissants. Pro Tools reste encore aujourd'hui une référence dans le monde de la production musicale professionnelle, son principal atout tient sans aucun doute par son implantation dans les studios professionnels. En effet, si vous envisagez d'aller dans un de ces studios, il peut être intéressant d'avoir chez vous un logiciel compatible. Autre détail qui a son importance, Pro Tools ne fonctionne qu'avec des cartes audionumériques DigiDesign et M-Audio, il est donc conseillé de bien faire le tour des propositions avant de s'engager.

Magix Samplitude Classic 10

Éditeur : Magix
Plate-forme : PC
Site : www.samplitude.com
Distributeur : SCV Audio
Prix : 499 euros

Magix Samplitude Classic 10

Si vous recherchez la perfection sur la qualité de vos enregistrements audio, Samplitude pourra également satisfaire votre demande, il est notamment très apprécié pour le mastering audio. Sa prise en main est assez simple et tous les outils nécessaires à la production musicale professionnelle sont présents.

Des séquenceurs pour les musiciens

Si vous souhaitez plutôt utiliser vos connaissances pianistiques et que vous maîtrisez l'harmonie, il est préférable d'exploiter ces connaissances en faisant appel à un séquenceur capable de vous proposer tout un ensemble de fonctions d'éditions MIDI ainsi que des instruments virtuels. Voici donc une autre sélection de séquenceurs plus musicale.

Steinberg - Cubase 4.5

Sans aucun doute le plus connu des séquenceurs. Son interface et sa facilité d'utilisation ont fait de lui un modèle du genre. Avec une édition MIDI très complète, il est apprécié des compositeurs qui trouvent en lui un outil très riche, il permet aussi de travailler avec une vidéo synchronisée. Enfin, sa notoriété et sa récente compatibilité avec Sequel lui confèrent une implantation impressionnante, ce qui permet de profiter d'une communauté d'utilisateurs non négligeable.

Apple - Logic « Studio »
Éditeur : Apple
Plate-forme : Mac
Site : www.apple.com/fr
Distributeur : Apple France
Prix : 479 euros

Steinberg - Cubase 4.5
Éditeur : Steinberg
Plate-forme : Mac et PC
Site : www.steinberg.net
Distributeur : Steinberg France
www.steinberg.fr
Prix : 599 euros

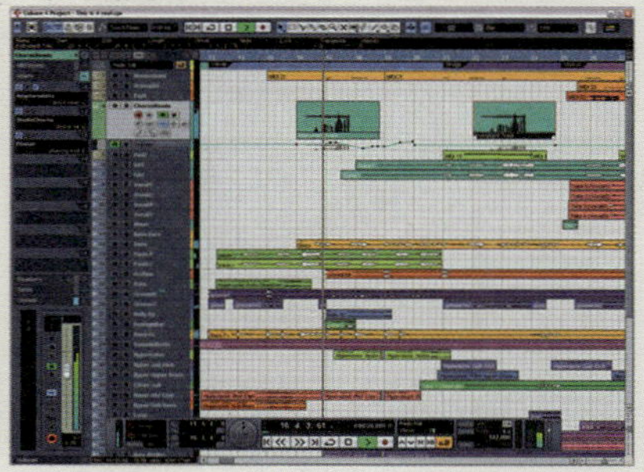

Apple - Logic « Studio »

Racheté il y a quelques années par Apple, Logic est un séquenceur qui a, dès ses débuts, séduit bon nombre de professionnels. Comme ses concurrents, il dispose d'une collection de fonctions très complètes (surtout pour le MIDI) avec de nombreux instruments virtuels et plugs-in d'effets professionnels. Après une perte de vitesse, Logic est revenu sur le devant de la scène l'année dernière avec une nouvelle version proposant de très nombreux samples, boucles et instruments avec un prix divisé par deux ! En effet, si la moyenne du prix d'un séquenceur s'était placée autour des 900 euros, aujourd'hui Apple casse les prix avec un Logic à moins de 500 euros. Est-ce suffisant pour attirer les utilisateurs PC…

D'autres séquenceurs

On trouve d'autres séquenceurs sur le marché, leurs caractéristiques sont assez proches de leurs principaux concurrents, on peut retenir Sonar (Cakewalk), Digital Performer (MOTU) ou encore Ardour. Ce dernier fonctionne sous Linux, il est donc gratuit. Même si son interface n'est pas des plus engageantes, son potentiel n'a rien à envier à ses concurrents payants.

Changer de séquenceur

De plus en plus d'éditeurs vous proposent de migrer vers leurs produits. Cela peut être le moment pour passer d'un logiciel à un autre, vérifiez que l'éditeur rachète votre séquenceur à un bon prix. Sachez également qu'il existe un format de sauvegarde qui permet de récupérer (et échanger) des séquences d'un séquenceur à l'autre. Baptisé OMF, ce format permet d'exporter un ensemble de pistes audio avec le placement des pistes…

Les studios virtuels

Même si de plus en plus de séquenceurs proposent aujourd'hui des instruments virtuels, certains éditeurs comme Propellerhead proposent une solution clé en main. Il s'agit alors d'un véritable studio virtuel ou tous les outils nécessaires à la production musicale sont proposés. Reason est sans aucun doute le plus connu d'entre eux. Avec son interface graphique poussée au paroxysme (les câbles sont virtuellement représentés à l'écran), il permet de composer rapidement sans aucune installation complémentaire. Il propose également une grosse bibliothèque de boucles et de presets pour ses instruments. Bien évidemment, les instruments virtuels proposés dans Reason ne sont pas exportables dans un autre séquenceur compatible VST. Seule une connexion interne (via le protocole Rewire) permet d'échanger les informations Audio et MIDI entre différents logiciels. Cela permet par exemple d'enregistrer des parties audio car Reason ne peut toujours pas enregistrer de pistes audio.

Un autre studio virtuel s'est également fait remarquer par sa simplicité et son efficacité, il s'agit de FL Studio, plus connu sous son

Reason 4

Éditeur : Propellerhead
Plate-forme : Mac et PC
Site : www.propellerheads.se
Distributeur : M-Audio France
Prix : 453 euros

ancienne dénomination (Fruity Loops). FL Studio dispose d'une véritable panoplie d'instruments et d'effets en tout genre tout en proposant contrairement à Reason l'enregistrement de pistes audio.
Enfin, CakeWalk avec Project Five s'est également lancé dans l'aventure du studio virtuel mais il faut reconnaître qu'il n'a pas le panache des deux autres.

Sur scène

Avec la démocratisation des ordinateurs portables, de plus en plus de musiciens emportent désormais un séquenceur sur scène. Même si on peut en effet utiliser le logiciel de son choix, il est indispensable d'avoir dans ce cas une configuration à toute épreuve. En effet, un plantage sur scène n'est jamais une expérience agréable, il est donc recommandé d'utiliser des applications qui ont été spécialement conçues pour cela. Ableton s'est spécialement penché sur la question et propose avec son logiciel Live une solution qui n'a pas son égal. En effet Live est d'une stabilité à toute épreuve, son interface allie clarté et efficacité. Il sait quasiment tout faire : de la lecture de séquences MIDI, de boucles audio à l'utilisation simultanée d'instruments virtuels et de plusieurs claviers MIDI (et interface), mis à part l'absence d'éditeur de partition, tout le monde y trouve son compte. Il est compatible Rewire, ce qui vous permet de l'utiliser avec d'autres logiciels musicaux tout en restant synchronisé et en échangeant des signaux audio. Un must.

Fl Studio

Éditeur : Image Line
Plate-forme : PC
Site : www.flstudio.com
Distributeur : Arbiter France
Prix : 299 euros

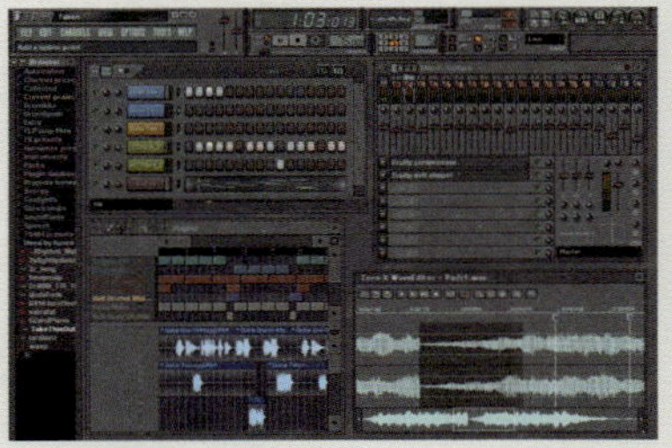

Live

Éditeur : Ableton
Plate-forme : Mac et PC
Site : www.ableton.com
Distributeur : SCV Audio
Prix : 597 euros

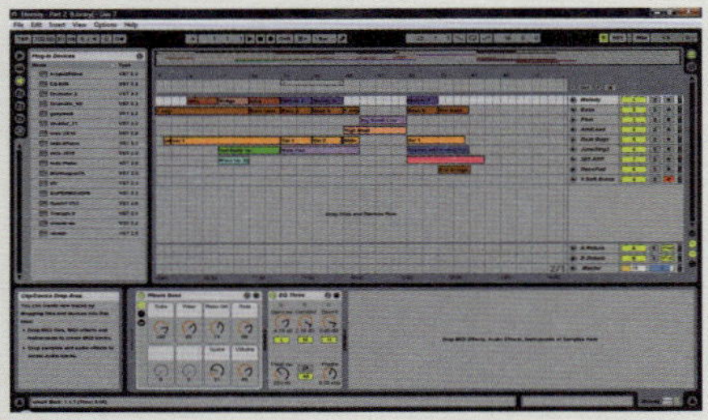

10 astuces pour mieux composer

1 – Un système opérationnel

Il y a quelques règles à suivre lorsque l'on se lance dans la création musicale assistée par ordinateur. La première est sans aucun doute de préserver son ordinateur de toute application « parasite ». En effet, il est vivement conseillé de ne pas mélanger vos applications musicales avec un environnement Internet ou ludique (jeux). Rassurez-vous, il n'est pas nécessaire d'acheter un second ordinateur. Utilisez dans ce cas des sessions différentes, une pour le surf sur la Toile, une autre pour le jeu... et enfin une session pour la création musicale. Les sessions de Windows mettent cependant en commun de nombreuses applications. Pensez donc, lorsque vous installez un programme, à ne le faire que sur la session concernée.

Un disque dur externe, un bon moyen pour archiver ses sons et stabiliser son système.

2 – Un équipement informatique dédié

La pratique de la MAO va solliciter, bien évidemment, votre carte son. Même si, dans un premier temps, vous pourrez utiliser votre carte son interne avec un driver ASIO générique tel que ASIO4ALL, il est conseillé d'acquérir une carte son externe (USB ou FireWire). Vous gagnerez en stabilité, en qualité sonore (les connectiques et les convertisseurs analogique/numérique sont de bien meilleure qualité), et donc en musicalité. Il est également conseillé (surtout si vous avez un portable) de stocker vos samples sur un disque dur externe (USB ou FireWire). En effet, n'oubliez pas que votre disque dur est déjà sollicité pour faire fonc-

Deux écrans, un pour l'arrangement, un autre pour le mixage.

tionner votre système (XP ou Vista), mais aussi vos programmes musicaux. Si vous lui demandez également d'aller lire des dizaines de samples simultanément, vous êtes certain de voir votre disque décrocher (craquements audios, ralentissements du système…).

3 – Un équipement audio approprié

Idem pour la partie acoustique. Nombreux sont ceux qui négligent ce point, et pourtant, il représente sans aucun doute le point crucial. C'est surtout le cas avec votre système d'écoute, il est l'intermédiaire entre votre travail stocké sur votre ordinateur et vos oreilles. Imaginez travailler la pierre (ou le bois) avec une paire de lunettes salle, votre travail en pâtirait. C'est la même chose avec la création musicale. Avec des enceintes Hi-Fi, vous aurez par exemple une vision sonore déformée de votre travail. Comme votre inspiration va s'appuyer sur ce que vous avez déjà enregistré, c'est donc toute

Ne négligez pas les moniteurs audio, ils sont le seul lien entre votre machine et votre cerveau.

la chaîne de création qui va subir une déformation. On peut s'équiper avec des enceintes de monitoring correctes pour un prix inférieur à 250 euros. Si cela vous semble toujours trop onéreux, optez pour un casque.
Prévoyez également un micro adapté à votre travail et évitez de connecter une guitare sur votre carte son interne, d'utiliser des enceintes Hi-Fi, ou encore d'utiliser un micro de type dynamique (acheté moins de 20 euros) pour enregistrer des instruments acoustiques tels que guitare, percussion… Idem pour la qualité des câbles !

4 – Du confort

Pour gagner en confort, et donc en efficacité, vous pouvez vous offrir un second écran. On peut aujourd'hui acheter un écran 17" pour moins de 100 euros, et quasiment toutes les cartes vidéos proposent une seconde sortie. Sachez que les programmes musicaux utilisent souvent plusieurs fenêtres ; il peut s'avérer judicieux d'avoir par exemple un écran avec la fenêtre d'arrangement et un autre pour afficher la table de mixage.

5 – Une interface qui correspond à votre sensibilité

Si vous jouez du clavier, ne négligez pas la qualité du toucher. C'est le lien direct entre vous et la machine. Il existe aujourd'hui de nombreux claviers de bonne qualité (prix inférieur à 200 euros). Cela aura une incidence certaine sur votre manière de vous exprimer, et donc sur votre créativité.

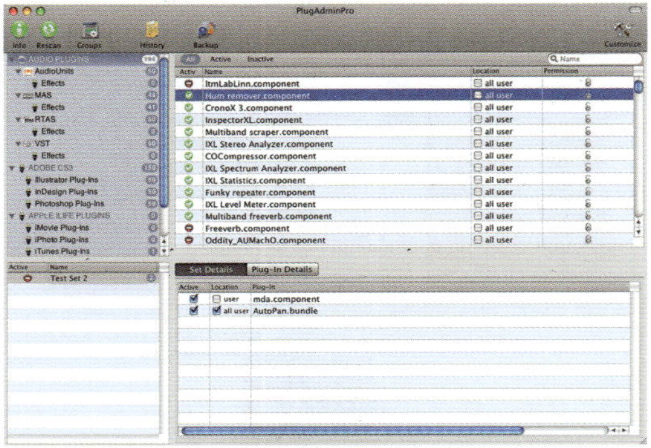

Un gestionnaire de plugs-in permet de s'y retrouver (ici PlugAdmin Pro).

6 – Notez vos coups de cœur

Achetez-vous un petit répertoire avec un index alphabétique. Vous pourrez y noter toutes les sonorités qui ne vous auront pas laissé indifférent. En effet, lorsque l'on compose, on passe en revue de nombreux presets d'instruments virtuels, même s'ils ne correspondent pas à ce qu'on recherche sur le moment ; il peut être astucieux de les garder sous le coude. Notez le nom du preset, le style de son, l'instrument virtuel en question. Un effort qui, vous le verrez, portera ses fruits très rapidement.

7 – Classez vos samples et boucles

Le rangement des fichiers est également une nécessité pour gagner du temps, mais aussi pour gérer votre espace disque. Choisissez donc un emplacement, de préférence sur un

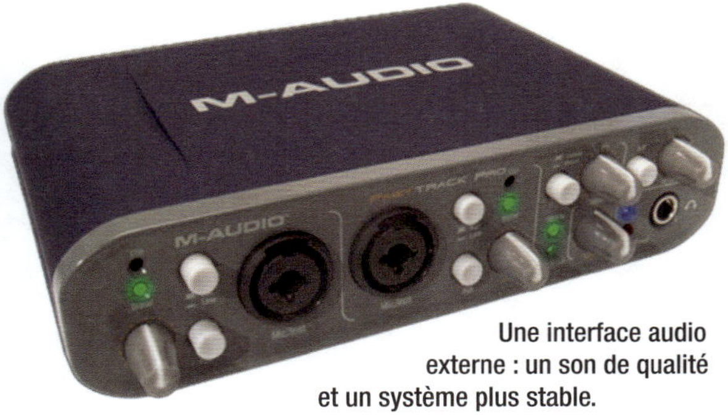

Une interface audio externe : un son de qualité et un système plus stable.

disque externe. Créez des dossiers par famille de samples, en fonction de leurs sonorités : cordes, pianos acoustiques, pianos électriques, synthétiseurs, kits de batteries…
Idem pour les boucles (loop) : classez-les dans des dossiers avec des noms évocateurs (par instruments ou par styles musicaux, ou même les deux). Qui n'a pas trois ou quatre fois la même boucle sur son ordinateur ? On appelle cela des doublons ; aidez-vous d'un utilitaire de gestion de doublons pour les supprimer (il existe de nombreux freeware).
Avec un classement bien ordonné et pensé en amont, vous gagnerez de la place et vous gagnerez surtout du temps !

8 – Un environnement sur mesure

Préparez sur votre séquenceur un environnement adapté à votre style de création. Code couleur, disposition des fenêtres, affectation des entrées et sorties de votre carte son… Concoctez-vous un kit tout prêt, une chanson type avec les instruments virtuels déjà chargés… Soyez prêt pour ne pas être coupé dans votre élan lorsqu'une idée vous vient à l'esprit.

9 – Pas trop de plugs-in

Faites le ménage dans vos plugs-in. Il vaut mieux avoir quelques bons plugs-in (effets et instruments) que l'on maîtrise bien que toute une panoplie d'outils qui, pour la plupart, ne vous serviront jamais. Certains séquenceurs vous proposent aujourd'hui un gestionnaire de plugs-in.

10 – Réécouter !

Enfin, comme tout travail créatif, n'hésitez pas à réécouter votre projet en boucle. Passé le stade de la découverte, on peut être rapidement blasé par une idée que l'on a trouvée géniale au départ. Il est donc vivement conseillé de réécouter, de laisser les choses mûrir puis d'y revenir.

Conclusion

Vous voilà désormais averti, à vous maintenant d'essayer de mettre en place ces conseils. Une petite réflexion sur la méthode de travail à choisir ne fait de mal à personne. Prenez donc le temps qu'il faudra, et lorsque vous serez prêt, vous pourrez vous adonner avec fougue à la composition assistée par ordinateur.

Quatre claviers maîtres à moins de 300 euros

Pour s'imposer sur un marché très florissant, les fabricants sont toujours à la recherche de nouveautés. Depuis trois ans, on assiste à une réelle guerre des boutons, c'est à celui qui fournira le maximum de contrôleurs. Cependant, ne perdez pas de vue que le clavier doit rester le point le plus important avant d'investir. Nous vous proposons ici une sélection de claviers maîtres de bonne facture accessibles à tous, puisque le premier prix est à moins de 100 euros.

Les claviers maîtres sont apparus vers le milieu des années 80 avec l'émergence de la norme MIDI créée initialement pour piloter des synthétiseurs à distance. Un clavier maître est avant toute chose un clavier de contrôle utilisant la norme MIDI, dans la très grande majorité des cas dépourvu de sonorités. Il permet de jouer des sonorités stockées soit dans des modules sonores externes (appelés également expandeurs) ou, comme c'est le plus souvent le cas aujourd'hui, dans un ordinateur via un instrument virtuel. La transmission des informations (note, durée et intensité) est assurée par le câble USB et quelquefois par un port MIDI Out (matérialisé par une prise DIN 5 roches). Contrairement à certaines idées préconçues, aucun son ne transite dans un câble MIDI, cette interface véhicule exclusivement des données, les informations sont ensuite décodées par l'instrument virtuel (ou le module sonore) qui, à son tour, recrée les notes jouées sur le clavier. Conscient de la disparition des modules de son externe, les fabricants proposent de moins en moins de sortie MIDI, seule une prise USB permettra de connecter votre clavier à votre ordinateur. Si vous ne possédez pas de module MIDI externe, vous pouvez faire l'économie d'une connexion MIDI externe.

25, 32, 37, 49, 61, 88...

Ne jouez pas à la loterie avec le nombre de touches, ce choix ne doit pas se faire à la légère. Avec le développement de la musique nomade, les constructeurs proposent aujourd'hui des petits claviers avec une étendue de deux octaves, soit 25 touches. Pour accéder à l'ambitus complet de vos instruments virtuels (l'intervalle entre la note la plus grave et la plus aiguë), ces claviers sont généralement équipés de touches de transposition. Si vous souhaitez simplement enregistrer des phrases musicales (à la main droite), alors un petit clavier de 25 touches sera amplement suffisant. Par contre, si vous souhaitez jouer avec vos deux mains, il faut reconnaître qu'un clavier à quatre voire cinq octaves est indispensable.

Prenez le contrôle de vos instruments virtuels

Pour piloter les fonctions des instruments virtuels, la majorité des claviers maîtres récents sont désormais équipés (en plus du clavier) de nombreux contrôleurs physiques (fadeurs, potards, pads, joystick...). Les adeptes des instruments virtuels, lassés de tourner des boutons avec leur souris, seront donc ravis de cette nouvelle génération de produits capables d'envoyer toutes sortes de messages de contrôle.

N'oubliez surtout pas que le clavier maître sera votre interlocuteur « physique » dans vos différentes applications informatiques, alors soyez très attentif à la qualité des matériaux utilisés et à la facilité d'utilisation dudit clavier. Pour que rien ne vous échappe, n'hésitez pas à consulter le mode d'emploi sous forme numérique, de nombreux fabricants le proposent en téléchargement.

Le KeyRig 49 avec le logiciel.

M-AUDIO KEYRIG 49
à partir de 99 €

M-Audio nous propose aujourd'hui, pour moins de 100 €, un clavier quatre octaves d'excellente facture. Plutôt destiné à ceux qui recherchent à interpréter des parties à deux mains, il dispose d'une molette modulation, d'un pitch-bend, d'un fadeur et d'une prise pour connecter une pédale Sustain. Le toucher et la qualité des matériaux sont remarquables pour un clavier de ce prix.

Le KeyRig 49 est livré avec une version allégée de Live d'Ableton ainsi qu'avec un module d'instruments virtuels baptisé Key Rig.

Au menu de ce logiciel, un piano acoustique, un orgue de type Hammond, un synthétiseur et enfin un module de sons au format Général MIDI, indispensable si vous souhaitez lire des séquences MIDI. Vous pourrez utiliser jusqu'à 128 sonorités différentes (piano, basse, guitare, cordes, batterie, harmonica, mais aussi hautbois, cors, clarinette....). KeyRig fonctionne de façon autonome ou en tant que plug-in au format VST. On doit ce KeyRig à l'équipe de Wizoo, un éditeur qui a fait ses preuves depuis longtemps dans ce domaine (racheté par Avid qui possède également M-Audio). Avec 300 Mo de samples (dont 111 Mo pour le module de piano), le rendu sonore général est très réussi.

Pour permettre une utilisation sans contrainte, on pourra ajouter pour chaque module de nombreux effets (à titre d'exemple, on dispose pour le module de Piano SP-1 de 8 réverbes, 8 délais, 6 chorus mais aussi des effets de trémolo, flanger, phaser, wah wah, pitch shift, égaliseur, distorsion et même compresseur et limiteur.)

Chaque module peut être programmé pour ne fonctionner que sur une partie du clavier (fonction split). On pourra également contrôler le ou les différents paramètres grâce à la fonction MIDI Learn. Si vous recherchez plus de contrôleurs, vous pouvez vous orienter vers la version 25 touches, elle propose huit potentiomètres ainsi que des boutons pour quelques touches et euros de moins.

www.m-audio.com/products/en_us/KeyRig49-main.html

Behringer L'UMA25S aux couleurs de Ferrari !

BEHRINGER UMA25S U-CONTROL à partir de 199 €

Depuis vingt ans, le fabricant allemand Behringer a su se faire remarquer sur le marché des instruments de musique. Il faut reconnaître que les prix pratiqués par Behringer permettent de proposer de bons produits à des prix très accessibles. L'UMA25S ne déroge pas à la règle puisque ce clavier 25 touches intègre pour son modeste prix (moins de 200 €) une carte audionumérique. Vous pourrez donc connecter en entrée un micro (mini-jack) et une source stéréo provenant par exemple d'une mixette (RCA). Côté sorties, l'UMA25S propose une sortie Line (RCA) ainsi qu'une sortie casque avec un contrôle du niveau de sortie. Grâce à sa sortie MIDI, on pourra également utiliser ce clavier sans ordinateur avec un module de son externe. Côté contrôle, l'UMA25S ne propose pas moins de 21 commandes physiques (2 molettes, 8 potentiomètres, un fadeur et de nombreux boutons).

Behringer a spécialement réduit au maximum la taille du clavier (surtout l'épaisseur) pour pouvoir l'utiliser également sur scène en bandoulière, il pourra dans ce cas être alimenté par pile. Il est vendu avec la sangle mais aussi avec une housse de transport, un microcasque et une suite de logiciels regroupant une version de Live d'Ableton ainsi que de nombreux freewares (Audacity, Kristal, plugs-in…) et un driver ASIO universel (ASIO2KS). Un compromis intéressant.

www.behringer.com

L'UMA25S, une carte son en plus.

Prêt pour la scène !

EDIROL PCR-300
à partir de 235 €

Edirol, filiale de Roland, est sans aucun doute le fabricant de clavier maître le plus actif en la matière. En effet, depuis plus de quinze ans, on ne compte plus le nombre de séries de claviers avec, pour chacune d'entre elles, de nouvelles fonctions pour répondre aux demandes toujours plus exigeantes des utilisateurs. Si vous trouvez que 25 touches c'est un peu juste pour votre type de jeu, Edirol a eu l'excellente idée de proposer un clavier 32 touches dont l'encombrement reste réduit sans pour autant limiter le jeu. Edirol propose depuis longtemps déjà une palette de contrôleurs variés. Plus que jamais, le PCR-300 dispose d'une batterie de contrôleurs très impressionnante : 9 fadeurs de 50 mm, un cross-fadeur pour les DJ (et les autres), 9 potentiomètres et une série de 18 boutons en néoprène avec témoin d'activation s'il vous plaît (attention, il ne s'agit pas de pads dynamiques). Une section Transport permet également de piloter un séquenceur à distance. Avec le Dynamic Mapping, Edirol propose aujourd'hui une nouvelle fonction dédiée à l'assignation automatique des contrôleurs aux fonctions de vos instruments virtuels, un plus non négligeable quand on utilise des instruments virtuels qui ne proposent pas de fonction MIDI Learn.

Le clavier pourra être séparé (split) sur deux canaux MIDI différents, libre à vous d'affecter deux sonorités en fonction de vos envies. Une série de 16 presets permet de sauvegarder ses réglages ou de charger les presets d'usine (Sonar, Logic, ProTools...). Pour faciliter la programmation des presets, Edirol propose, comme la plupart des fabricants, un éditeur dédié. Côté connectique (placée sur le flanc gauche), le PCR propose deux prises pour pédale Expression et Sustain, il peut fonctionner sans ordinateur via le port MIDI (In et Out). Le toucher du clavier est très agréable, il est de plus sensible à l'aftertouch et la courbe de vélocité peut être modifiée. Avec un bundle logiciel proposant Sonar LE, le studio virtuel Project 5 Le et enfin le sampleur Dimension LE, ce PCR-300 est une valeur sûre.

www.edirol.fr

Le PCR-300 d'Edirol, un maximum de contrôleurs.

YAMAHA KX25
à partir de 299 €

Célèbre fabricant d'instruments acoustiques, la marque aux trois diapasons revient après une certaine absence sur le marché des claviers maîtres. Ce come-back est assuré par une nouvelle série de claviers maîtres reprenant le nom de la première génération de claviers MIDI de Yamaha : KX. Ils ne sont pas sans rappeler, esthétiquement parlant, la série des SY des années 90. Bien évidemment, toutes les dernières avancées technologiques pour contrôler les instruments virtuels sont au rendez-vous avec en plus quelques surprises comme l'arpégiateur.

Se déclinant en quatre versions selon le nombre de touches (25, 49, 61 et 88 avec toucher piano), Yamaha propose des fonctions très élaborées comme le contrôle direct du logiciel Cubase 4, une version allégée de Cubase (AI4). On pourra donc contrôler les fonctions de transport (Lecture, Enregistrement, Retour…) mais aussi sélectionner les pistes, activer les fonctions Mute et Solo ou encore créer de nouvelles pistes et changer les presets de vos instruments virtuels sans passer par la souris. Grâce aux quatre potentiomètres sans fin, vous pourrez aussi contrôler en finesse les fonctions de vos plugs-in. Une bibliothèque de 30 presets propose de piloter les plug-ins les plus populaires, mais vous pourrez facilement programmer sur votre ordinateur vos propres presets en utilisant l'éditeur également fourni avec cette série KX. Vous trouverez également dans le kit logiciel le sampleur HALion de Steinberg (qui appartient à Yamaha).

C'est un fait, l'arpégiateur revient à la mode. Yamaha nous propose sur ces nouveaux claviers un arpégiateur digne de ce nom ne proposant pas moins de 340 arpèges différents, à vous d'assigner l'instrument virtuel le plus approprié à ces arpèges. Côté connectique, la série dispose bien évidemment d'un port USB mais aussi d'un port MIDI complet (In et Out) où vous pourrez connecter un module de son externe.

L'alimentation des KX est assurée par le port USB de votre ordinateur ou par une alimentation externe (fournie) dans le cas où vous souhaitez utiliser le clavier sans ordinateur pour contrôler un module de son externe.

www.yamaha-europe.com

Yamaha, le retour de la série KX.

Comment brancher sa guitare sur son ordinateur

Si vous possédez déjà un ordinateur (de bureau ou portable), vous devez savoir que l'ensemble des connectiques audio sont exclusivement en miniJack (stéréo ou mono pour l'entrée Mic). Ces miniJack vont s'avérer cependant être une mauvaise solution pour connecter votre guitare.

En effet, celle-ci possède une connectique Jack 6,35 mm, le premier réflexe consisterait à s'équiper d'un adaptateur miniJack/Jack 6,35 mm. Il faut cependant rappeler que les cartes son de nos ordinateurs n'ont pas été conçues pour être connectées quotidiennement avec un instrument. À force de connecter/déconnecter, les composants s'usent à la vitesse grand V, sans parler des microsoudures qui finissent par lâcher. Quand bien même, votre guitare une fois branchée va envoyer un signal électri-

Le StealthPlug d'IK Multimedia en situation.

que inadapté à votre carte son, trop puissant pour une entrée Mic (en rouge) ou trop faible pour une entrée Line (en bleu), avec dans ce dernier cas de figure, un signal audio d'un seul côté et une qualité sonore franchement médiocre. Cela est principalement dû au fait que les microphones installés sur les guitares électriques envoient toujours un signal dit de « haute impédance », il est donc vivement conseillé d'adapter ce signal électrique avant d'éventuellement penser à vous enregistrer sur un logiciel musical.

Les entrées miniJack sont très fragiles.

Quelles sont les solutions ?

La solution est toujours la même, adapter l'impédance et le niveau du signal avant la numérisation via les convertisseurs AD (analogique-numérique), étape incontournable pour travailler sur un ordinateur.

Première solution possible : vous pouvez utiliser une petite table de mixage sur laquelle vous branchez votre guitare, puis vous connectez cette mixette, via les sorties Line (Main ou Tape), à votre carte son.

Une seconde solution consiste à utiliser des boîtiers DI (pour Direct Injection) qui vont adapter l'impédance (et la symétrisation) d'un signal d'une guitare vers une entrée moyenne ou basse impédance d'une console de mixage ou d'un... ordinateur.

Si enfin, vous possédez un multi-effet, vous pouvez également l'utiliser en le connectant à votre ordinateur via les sorties (casque ou Line).

Ces solutions sont intéressantes si vous possédez bien évidemment déjà ce type de périphériques.

Si par contre, vous ne possédez ni l'un, ni l'autre, vous pouvez aujourd'hui acquérir pour un budget d'environ 100 euros des cartes son externes équipées d'une entrée HI (Haute Impédance). Ces cartes son se connectent à votre ordinateur via une connexion USB (1.1 ou 2.0) ou FireWire. Si celles équipées d'un port USB 1.1 sont plutôt déconseillées aujourd'hui, vous ne rencontrerez aucun problème de latence ou de craquement avec une carte FireWire ou USB 2.0. En, effet, le taux de transfert de la norme USB 1.1 est trop faible (12 Mo/s contre 480 Mo/s pour l'USB 2.0) pour garantir une utilisation sans contrainte.

Latence, vous avez dit latence ?

Lorsque l'on utilise un ordinateur dans le but de créer et d'enregistrer de la musique, il est essentiel que celui-ci ne vous freine pas dans votre inspiration. Les deux points essentiels seront donc la qualité d'enregistrement et la latence. Cette dernière est bien perceptible lorsque l'on utilise les cartes son installées par défaut sur nos PC. Elle se traduit par un décalage entre le moment où vous jouez et celui où le son « sort » de l'ordinateur via vos enceintes ou votre casque. Ce retard est un sérieux handicap voire une chose insupportable lorsque l'on souhaite utiliser les logiciels simulant des amplis. Il est principalement dû au driver de votre carte son.

Heureusement les fabricants ont élaboré des drivers plus performants que ceux de base de Windows. C'est ainsi qu'est né le driver ASIO. Créé par Steinberg, il permet de réduire considérablement cette latence. Par définition, elle se sera jamais nulle mais si vous arrivez avec votre configuration à descendre en dessous des 10 ms, votre oreille ne sera plus capable de percevoir ce redoutable décalage.

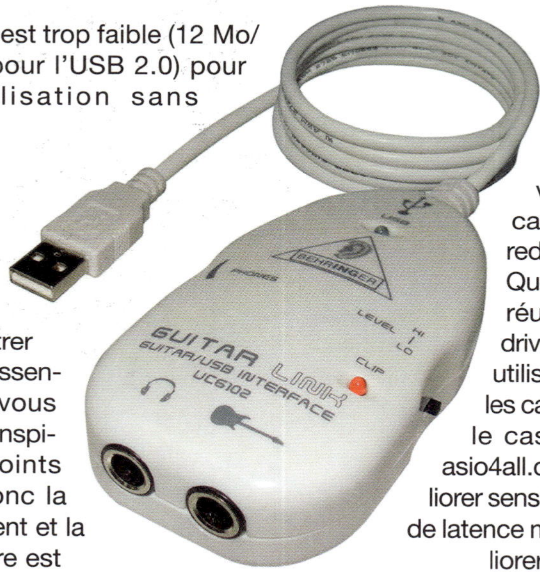

L'UCG102 de Behringer : simple et efficace.

Quelques petits malins ont réussi à programmer des drivers ASIO que l'on pourra utiliser avec n'importe quelles cartes son standard, c'est le cas d'ASIO4ALL (www.asio4all.com) qui permet d'améliorer sensiblement ces problèmes de latence mais sans bien sûr améliorer la qualité sonore.

Toutes les cartes son externes sont fournies avec des drivers ASIO. La latence, une fois ajustée dans le panneau de configuration de votre logiciel, devrait donc se faire discrète, voire insignifiante.

De nouvelles solutions très économiques

C'est sans aucun doute Behringer qui propose aujourd'hui la solution la plus économique. En effet, le Guitar Link UCG102 permet à n'importe quel guitariste de relier sa guitare directement à son ordinateur et de l'écouter via la sortie casque. Vendu moins de 60 euros, ce produit est fourni avec le logiciel Guitar Combos

M-Audio avec son JamLab.

de Native Instruments, un logiciel émulant le rendu sonore des amplis.

Ces logiciels sont capables de faire sonner n'importe quelle guitare électrique. Vous y retrouverez toutes les sonorités des amplis de légende (Fender, Marshall, Vox…).

Autre avantage, il n'est plus indispensable de pousser un ampli « à fond » pour profiter d'un grain particulier, vous pourrez également jouer à toute heure du jour et de la nuit sans déranger votre entourage !

IK Multimedia a également sorti une interface économique (99 euros) qui propose une entrée guitare (guitare ou basse). Baptisée StealthPlug, cette interface USB numérise le son de votre guitare en 44,1 kHz/16 bits, ce qui est bien suffisant pour une utilisation à la maison. Comme avec le Guitar Link UCG102 de Behringer, cette carte son est vendue avec Amplitude LIVE et LE, un logiciel de modélisation d'amplis également assez réussi.

Autre produit intéressant avec une qualité sonore supérieure pour moins de 70 euros : le JamLab de M-Audio. On peut en effet enregistrer en 24 bits et surtout utiliser les sons d'amplis dans un autre programme puisque les modélisations d'amplis sont reconnues comme des plugins VST.

Pour finir

Les solutions informatiques pour les guitaristes sont aujourd'hui nombreuses et accessibles à toutes les bourses. Si les interfaces possèdent quasiment les mêmes caractéristiques techniques, il faudra avant de concrétiser votre achat faire un tour sur les sites des différents fabricants et écouter les démos des modélisations d'amplis proposées.

COMPARATIF

Batteries et percussions virtuelles

Au commencement, les premières boîtes à rythmes proposaient des sonorités très typées, pas toujours fidèles aux timbres qu'elles étaient censées reproduire. Avec le temps, elles ont gagné en qualité sonore, et les différents samples associés à des phrases musicales ont permis de restituer un jeu se rapprochant de celui d'un vrai batteur. Ces phrases (baptisées également patterns) sont aujourd'hui programmées par de vrais batteurs sur des batteries MIDI. Cela permet de rester cohérent sur l'enchaînement des différents instruments et de ne pas se retrouver avec des patterns injouables par un batteur en chair et en os.
Malgré ce déploiement de technologies, il manquait toujours quelque chose dans le rendu sonore de l'instrument.
En 2004, un certain BFD est venu

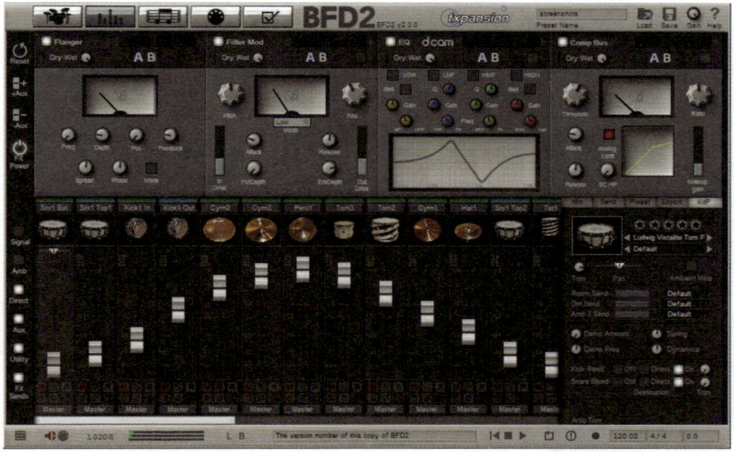

La section mixeur de BFD2.

remettre les pendules à l'heure. L'idée était de regrouper les différents sons proposés et de les contrôler au niveau audio afin de simuler le placement des micros dans un espace donné. De même, chaque instrument (tom, cymbale, grosse caisse…) profite désormais de multi-échantillons restituant ainsi un son différent en fonction de la vélocité.

Cette évolution ne fut possible qu'avec la transformation de nos ordinateurs. En effet, si vous souhaitez profiter pleinement des solutions professionnelles telles que BFD ou Addictive Drums, il faudra vous munir d'un ordinateur puissant.

Dernier détail avant de passer en revue ces différents batteurs virtuels, la compatibilité. Pour le moment, la plupart utilisent une affectation personnelle (map) des samples sur le clavier. En clair, vous ne pouvez pas réutiliser les patterns créés avec un autre logiciel. Même le format GM n'est pas toujours reconnu. Fort heureusement, en cherchant sur la toile, on peut dénicher des convertisseurs de « maps » qui permettent de corriger ce désagrément qui, avec le temps, devrait disparaître au profit d'une harmonisation.

En conclusion

Avec une telle sélection, vous n'avez plus d'excuses pour ne pas produire de magnifiques parties de batterie. Si vous n'avez pas les moyens d'investir dans BFD, vous pouvez toujours trouver votre bonheur en utilisant conjointement My Drumset et la démo d'Addictive Drums.

1 Addictive Drums

Éditeur : XLN Audio
www.xlnaudio.com
Distributeur : Steinberg France
Prix : 239 euros

Addictive Drums s'est très rapidement imposé comme une référence dans sa catégorie. Fonctionnant sous XP et Vista, il a l'avantage, par rapport à certains de ses concurrents comme BFD, de consommer moins de ressources CPU. Son interface, ses sonorités, sa facilité d'utilisation, ses phrases MIDI et le rendu sonore de l'ensemble sont particulièrement réussis. Même si le nombre de samples n'est pas très important, on arrive, en utilisant les nombreux outils proposés, à créer des sonorités très différentes. Une nouvelle banque de sons est depuis peu disponible. AD, pour les intimes, fonctionne comme un plug-in VST ou RTAS mais pas de version Stand Alone pour le moment. Les nombreux réglages sonores permettent entre autres de doser le son des micros pour la prise de la grosse caisse (intérieur et côté frappe), idem avec la caisse claire pour le micro du dessus et celui du dessous. On peut aussi ajuster le son capté par les overheads et bien sûr, contrôler tout ce joli monde sur des pistes séparées sur son séquenceur. Les instruments sélectionnés sont des références (Sonor, Tama…) ; vous pourrez créer votre propre kit dans la limite de 12 instruments simultanément. Essayez par vous-même puisque XLN Audio propose une version démo très intéressante non limitée dans le temps. Avec 3000 fichiers MIDI livrés (directement insérables dans votre séquenceur par un glisser-déposer) et avec une qualité sonore associée à une ergonomie qui frise la perfection, on ne peut que se satisfaire d'un tel choix.

2 Battery

Éditeur : Native Instruments
www.native-instruments.com
Distributeur : SCV Audio
Prix : 199 euros

Leader mondial de la lutherie virtuelle, Native Instruments propose également un outil de type boîte à rythmes. Baptisé Battery, ce dernier se démarque de ses concurrents par une architecture de type sampleur, se rapprochant plus des boîtes à rythmes conçues par Roger Lynn et Akai. Les habitués des produits NI reconnaîtront l'ergonomie et ne seront pas dépaysés par l'utilisation de ce logiciel. S'il ne dispose pas de lecteur de phrases et encore moins de patterns, vous pouvez par contre vous réjouir des 23000 échantillons répartis sur près de 100 kits différents (acoustique, electro, ambiant, percussions ethniques…), tous les genres musicaux sont ici représentés. Chaque sample dispose d'une véritable armada d'effets et de contrôles en tout genre, et la fenêtre supérieure, rappelant dans un autre domaine Excel, permet d'utiliser instantanément un nombre de samples pouvant aller jusqu'à 128 « cellules ». La partie inférieure est réservée à la programmation des échantillons ; vous n'aurez aucun mal à vous y retrouver. Native Instruments propose une version de démo avec de nombreux samples. Contrairement à Addictive Drums, sachez que cette démo est limitée à 30 minutes d'utilisation. Disponible comme plugs-in VST, RTAS et DXi, Battery fonctionne également de façon autonome. Malgré l'absence de phrases MIDI, Battery s'assure une place convenable avec sa diversité sonore et son mode sampleur qui propose entre autres des outils de time stretching et de slice. Si vous utilisez des boucles audio, sachez également qu'il est compatible avec les formats de boucles Recycle, Acid et BeatCreator… un atout que ne proposent pas les autres batteries virtuelles.

3 JamStix

Éditeur : Rayzoon Technologies
www.rayzoon.com
Distributeur : aucun
Prix : 99 dollars

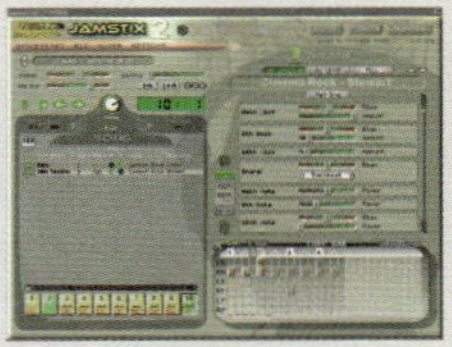

Peu connu mais pourtant très intéressant, voici sans aucun doute le logiciel de cette catégorie à qui le titre « Batteur virtuel » colle le plus à la peau. En effet, malgré une interface un peu vieillotte, JamStix tire son épingle du jeu avec sa faculté à se fondre dans un accompagnement musical. Grâce à un moteur d'intelligence artificielle (ça existe !), JamStix est capable d'improviser en direct en fonction de ce qui est joué à côté. Incroyable ! Côté sonorités, on est en dessous des AD ou BFD mais par contre, sachez que l'on peut envoyer les informations de jeu (MIDI) vers d'autres instruments virtuels tels que... AD ou BFD ! Ralph Zauner (l'auteur) a également fait en sorte que JamStix ne puisse pas jouer des rythmes impossibles à interpréter par un vrai batteur. Livré avec un manuel en français, vous pourrez vous faire une idée en téléchargeant une démo logicielle sur le site de Rayzoon Technologies.

4 BFD2

Éditeur : Fxpansion
www.fxpansion.com
Distributeur : SCV Audio
Prix : 349 euros

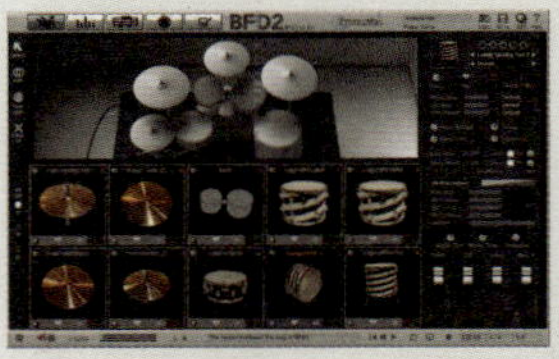

Fxpansion fut le premier éditeur à proposer réellement un batteur virtuel. Arrivé en 2004, BFD, avec sa technologie, s'est rapidement imposé dans les home studios comme le seul outil réel capable de remplacer, si vous ne supportez plus le vôtre (!), un batteur. Depuis, Fxpansion a optimisé son logiciel phare. La version 2 de BFD propose aujourd'hui un outil d'une puissance impressionnante. Avec 55 Go répartis sur 5 DVD, l'installation du logiciel demande près de 2 h de patience. Tous les samples ont été enregistrés en 24 bits/ 44,1 kHz (Fxpansion recommande notamment pour stocker ces samples l'utilisation d'un disque dur externe dédié). Autre recommandation : 2 Go de RAM avec un processeur multicœur. Fxpansion a pris le soin de sélectionner des instruments prestigieux, les prises de sons ont été effectuées dans des conditions optimales avec des micros, des préamplis et des convertisseurs que peu d'entre nous peuvent s'offrir. BFD vous propose également de construire votre kit en sélectionnant les instruments de votre choix avec un maximum de 32 instruments. Côté effets et routing, Fxpansion se devait, face à la concurrence, de fournir un nouvel effort. C'est chose faite avec cette version 2. On y trouve tous les outils qu'un ingénieur du son d'un gros studio professionnel se doit d'avoir, avec notamment des presets de mixage qui, pour les débutants, seront un gros atout. Un des autres gros points forts de cette mise à jour, c'est également l'arrivée d'un éditeur de patterns qui, non content de vous offrir 5 000 patterns différents, vous propose également un éditeur de groove très performant. Une piste spéciale pourra aussi être utilisée directement dans BFD sans qu'il soit nécessaire d'utiliser une piste de votre séquenceur.

Fxpansion ne propose pas de démo logicielle mais vous pourrez écouter de nombreux exemples sonores sur le site de l'éditeur.

5 My Drumset (freeware)

Éditeur : Blue Noise
www.bluenoise.no
Distributeur : aucun
Prix : gratuit

Les batteurs virtuels gratuits ne courent pas les rues. Certes, on peut trouver quelques boîtes à rythmes mais cela ressemble plus à des lecteurs de samples qu'à des outils conçus pour donner l'illusion d'une partie jouée par un batteur.
Seul My Drumset de Blue Noise peut se placer dans notre sélection. L'auteur s'est donné beaucoup de mal pour réaliser des enregistrements de qualité (micros Neumann, AKG, Microtech avec préampli MCI, Amek Neve et TLA). Tous les samples (il s'agit d'une batterie Ludwig) ont été réalisés en 24 bits. Il suffit de télécharger le fichier (132 Mb) et de le placer dans le dossier plug-in VST de votre séquenceur. On peut contrôler le volume de chaque instrument ainsi que plusieurs retours d'ambiance (overhead) et gérer chacun d'entre eux dans des canaux audio séparés. L'interface est pour le moment plutôt austère mais le développeur nous prépare une nouvelle version qui restera gratuite.

6 EZdrummer

Éditeur : Toontrack
www.toontrack.com
Distributeur : aucun
Prix : 159 euros

Toontrack s'est également lancé dans l'aventure avec une solution plutôt réussie. EZdrummer est en effet bien équipé pour s'acquitter de sa tâche à merveille : 5 Gb de samples (soit 7 000 échantillons) enregistrés en 16 bits/44,1 kHz et 8 000 patterns MIDI ! Il se démarque de ses concurrents avec une bibliothèque de patterns entièrement compatible avec le format GM. On peut ainsi ajouter de nouveaux patterns provenant de vos créations ou trouvés sur la Toile. Grâce à une sélection de rêve (fûts GMS et Yamaha, cymbales Zildjian et Sabian), la qualité sonore est au rendez-vous. Comme avec ses concurrents, on pourra mixer cette batterie comme une vraie batterie avec des micros d'ambiance en plus des micros instruments. Disponible au format VST, AU et RTAS, EZdrummer a été conçu pour être utilisé même par des débutants. Pas de démo logicielle mais de nombreux exemples sonores sur le site de Toontrack. Avec un prix tout à fait raisonnable, EZdrummer se place en bonne position pour les débutants mais aussi pour les professionnels.

Choisir un casque de monitoring

Si vous n'avez pas les moyens de vous offrir un système d'enceintes de monitoring de qualité (comptez au minimum 750 euros la paire), vous pouvez opter pour le casque de monitoring, une solution intéressante et nettement moins onéreuse. Contrairement au casque hi-fi qui a tendance à flatter le son en accentuant certaines de ses composantes, le casque de monitoring est un outil conçu pour contrôler le son et ainsi éviter les mauvaises surprises lorsque l'on écoute sa musique en dehors de chez soi.
Choisir un casque n'est pas une mince affaire, il faut faire preuve d'attention en décryptant les nombreuses caractéristiques techniques fournies par les constructeurs.
Même si grâce à Internet, via ses nombreux forums, il est possible d'avoir des avis sur bon nombre de produits, utiliser ses oreilles reste le meilleur moyen d'éviter un mauvais achat.

Ouvert ou fermé ?

Afin de ne pas être dérangé par des bruits extérieurs, le casque fermé est sans aucun doute le type le plus adapté pour une utilisation home studio. De plus, si vous souhaitez enregistrer votre voix avec un microphone de type électrostatique, il est indispensable de posséder un casque fermé pour éviter une inévitable « repisse ». En effet, les micros électrostatiques sont très sensibles, si vous chantez avec votre casque sur les oreilles, il est certain que le son de votre casque sera repris par le micro. Fini alors la prise de voix

Le célèbre K240 d'AKG, un must pour le home studio.

>> Prenez soin de vos oreilles ! <<

On ne le dira jamais assez, les oreilles sont un organe fragile. Il faut donc éviter de pousser le volume et de risquer à coup sûr de détériorer vos oreilles. Comme pour la vue, il existe un vieillissement prématuré de l'oreille : la presbyacousie. Il s'agit d'un trouble de l'audition provoqué par l'usure de l'oreille interne. La presbyacousie est la première cause mondiale de surdité chez l'homme. C'est une baisse d'audition progressive et longue. Les premiers symptômes se manifestent par des bourdonnements dans l'oreille et des troubles de l'audition lors de conversations. Elle se caractérise par la chute auditive des fréquences aiguës qui sont les plus fréquentes lors de discussions. Ce vieillissement est accéléré si on écoute toujours sa musique à un niveau de volume élevé. Dernier détail non négligeable, les dégâts provoqués sont irréversibles, l'oreille ne peut en effet pas se régénérer, seule possibilité : l'appareil auditif, autrement dit un système intra-auriculaire à vie !

clean ! De même, lorsque l'on prépare un mix dans une soirée, il est indispensable pour travailler dans de bonnes conditions de pouvoir s'isoler du bruit.

Seul inconvénient, le confort. Ces casques ont tendance à légèrement serrer votre tête. Mais concilier confort et isolation est toujours une équation difficile à résoudre. Cette atténuation des bruits environnants est mentionnée par les fabricants sur les fiches techniques en dB (pour décibel), plus elle est importante, plus le casque sera étanche !

On n'arrête pas le progrès ! Certains constructeurs proposent aujourd'hui des casques équipés d'un système dit de réduction active du bruit de fond indésirable (ou atténuateur de bruit). Ces casques sont en fait équipés de petits microphones captant le son du milieu extérieur puis ils le soustraient par inversion de phase au signal sonore que vous recevez, ces fabricants annoncent pouvoir réduire ainsi ces bruits de 90 % ! Ils sont surtout utilisés par les pilotes d'avions et d'hélicoptères.

Il n'est pas toujours facile de déchiffrer les fiches techniques proposées par les fabricants. S'il fallait retenir lors de votre choix certaines informations, hormis le prix et l'atténuation des bruits environnants, sachez que l'impédance joue également un rôle important. Plus l'impédance (exprimée en ohms) d'un casque est élevée, moins son niveau sonore est important. Préférez donc un casque avec une impédance pas trop élevée. Autre point important : si vous souhaitez pouvoir profiter des fréquences graves, vérifiez la bande passante du casque. Un être humain normalement constitué peut entendre le son sur une bande de fréquences comprise entre 20 Hz et 20000 Hz. Plus votre casque pourra s'approcher des 20 Hz, plus il sera capable de restituer au mieux les basses.

Les intra-auriculaires

Depuis peu, les fabricants de casques proposent des solutions intra-auriculaires pour le home studio et la scène. Elles se placent par définition directement dans le conduit de l'oreille. L'avantage tient essentiellement dans le confort (pas de serre-tête, notamment pour ceux qui portent des lunettes) et par la faible

Le MV1 de Koss, garanti à vie !

Sony V700DJ, le casque DJ du moment.

Un casque Sennheiser avec réduction active du bruit de fond !

Le MDR-7506 de Sony, un fermé très prisé.

incidence des bruits extérieurs. Leur principal défaut est leur difficulté à restituer les fréquences aiguës, surtout celles au-dessus de 10 000 Hz. Seuls les modèles haut de gamme arrivent à donner d'excellents résultats.

Des références

Certains casques sont devenus des références. Ainsi, le modèle K240 (semi-ouvert) de chez AKG reste une valeur sûre pour les applications de type home studio (comptez environ 130 euros). Idem, le Sony MDR-7506 (fermé) sera également un bon investissement (220 euros). Pour les DJ, Sony a conçu le V700DJ, il pourra répondre à quasiment toutes vos attentes pour moins de 120 euros. Sennheiser commercialise aussi d'excellents casques tels que le HD-280 Pro (fermé) ou le HD-600. Enfin, pour les amateurs des systèmes intra-auriculaires, sachez que M-Audio propose plusieurs produits très performants à partir de 110 euros. Retenez également les

M-Audio avec ses solutions intra-auriculaires.

fabricants suivants Audio-Technica (ATH-M50), Beyerdynamic (DT 990 Pro), Ultrasone (PROline 750) ou encore Koss avec ses casques garantis à vie.

Comme nous venons de le voir, choisir son casque ne doit pas se faire à la légère. Il représente le dernier interlocuteur entre votre ordinateur et votre cerveau. Prenez donc le temps de vous renseigner et surtout d'écouter car ce sont bien vos oreilles qui vous aideront le mieux à le sélectionner.

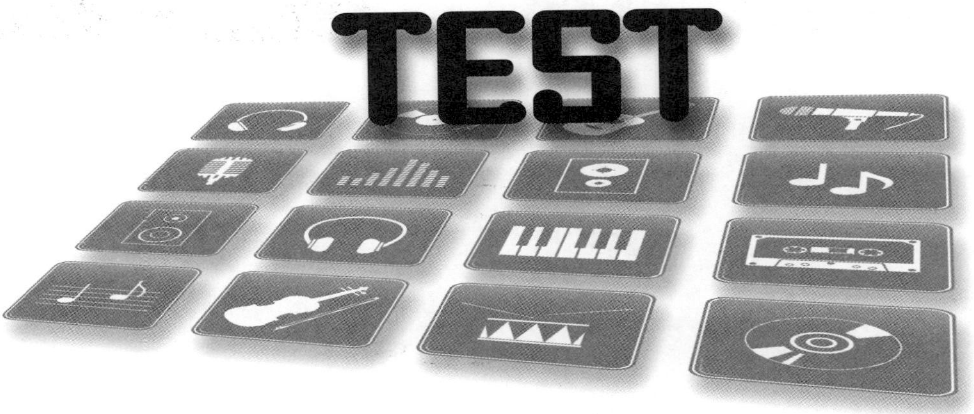
TEST

Korg nanoSERIES

Type : contrôleurs MIDI USB
Site : www.korg.com
Prix : environ 60 euros l'unité

Qu'on se le dise, on est rentré dans l'ère du nomadisme. Ces contrôleurs s'adressent très clairement aux personnes qui possèdent un ordinateur portable. Bien entendu, en tant que périphérique USB ils seront également parfaitement à l'aise dans le studio pour dépanner ou compléter un autre contrôleur plus musclé.

nanoKEY

Le nanoKEY est un mini-clavier maître de deux octaves qui dispose de touches en plastique très fines. Ces dernières sont suffisamment larges pour en jouer sans se sentir à l'étroit, et, étonnamment, sont même sensibles à la vélocité ! Une caractéristique qu'on ne retrouve pas systématiquement dans des claviers plus chers. En revanche, les touches sont très bruyantes, et le manque de « profondeur » ne permet pas vraiment d'exploiter cette vélocité avec beaucoup de finesse. On ne crachera cependant pas dans la soupe. Difficile cependant de juger de la durée de vie d'un tel produit en ne l'ayant testé que quelques semaines. Quoi qu'il en soit, le modèle que nous avons reçu n'a pas montré un seul signe de faiblesse malgré nos sollicitations intensives. Le nanoKEY dispose également du minimum syndical qu'on attend d'un clavier maître : une touche de modulation, deux touches dédiées au pitch, et deux autres pour changer d'octaves. Pour finir, une touche permet de passer en mode « CC » : dans ce mode, les touches n'envoient plus des données de notes mais des informations MIDI. Idéal pour s'en servir comme déclencheur d'événements. Comme ses petits camarades, le nanoKEY est entièrement paramétrable via un logiciel fourni. Le nanoKEY est fourni avec une version complète de M1 Le, une émulation du fameux Korg M1. En pratique le nanoKEY s'avère très efficace lors des séances de sound design improvisées loin du studio et de ses outils habituels. Même en studio, près du clavier d'ordinateur, il est souvent plus rapide à utiliser qu'un clavier maître qu'il faut allumer et connecter au réseau MIDI.

nanoKONTROL

Le nanoKONTROL est une surface de commande de type mixer, on peut l'utiliser pour piloter son séquenceur favori ou bien n'importe quel logiciel de mix compatible MIDI. Par tranches, il offre un fader, deux boutons poussoirs et un potentiomètre. Là aussi, si les faders paraissent solides, on émettra un doute sur la durée de vie des potentiomètres sur le long terme. De plus, et contrairement aux autres contrôleurs de la série, comme ces derniers sont en hauteur ils offrent forcément plus de prises aux dangers qui pourraient se trouver dans votre sac à dos. Il faudra donc faire un minimum attention pendant les transports, même si comme ses camarades, le nanoKONTROL s'avère un excellent compagnon de voyage. Sa petite taille permet de l'emporter partout et son grand nombre de contrôleurs permet bien souvent de se passer de souris. D'autant plus qu'il dispose de 4 scènes programmables, quadruplant ainsi le nombre de paramètres exploitables, et d'une barre de transport très pratique pour les séances de mix.

nanoPAD

Les amateurs de percussions virtuelles ont besoin d'outils spécifiques pour composer des rythmes. Depuis les fameuses MPC, les pads sont devenus des classiques pour ce travail. On pourrait croire que le nanoPAD emprunte les pads du padKONTROL (un autre contrôleur midi de la marque), mais il n'en est rien. Ceux-ci sont plus petits et beaucoup plus fermes. En revanche il en reprend la surface tactile sur deux axes (X/Y), ainsi que les fonctions HOLD (pour tenir un événement midi sur la surface tactile sans être obligé d'y laisser un doigt), FLAM (pour émuler la fonction idoine des 808 et 909) et ROLL (pour créer des roulements). Le toucher est agréable, mais là aussi, pour exploiter la vélocité sur plusieurs niveaux il faudra s'entraîner pour se calibrer. Notez que chaque pad peut envoyer jusqu'à 8 notes MIDI ou 8 messages MIDI simultanément ! De quoi créer des configurations complexes. Notez également que le nanoPAD est fourni avec Toontrack EZDrummer.

Conclusion

Loin d'être des jouets, ces contrôleurs rendent de grands services à la fois en déplacement de part leur mobilité, mais aussi en studio grâce à leur taille. Le logiciel de configuration est à la fois bien fait, facile à utiliser et entièrement paramétrable. Le tableau aurait été parfait si ces contrôleurs ne manquaient pas cruellement d'un répétiteur USB, qui aurait permis d'en brancher plusieurs sur un seul port USB, ou bien tout simplement de rajouter une souris sans sacrifier un autre port USB. Une série de contrôleurs à suivre...

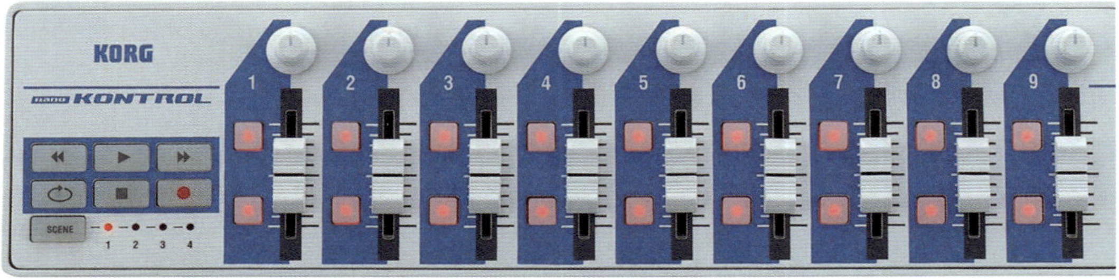

Le nanoKONTROL - Un fader, deux boutons poussoir et lumineux, et un potentiomètre par tranches, il y a de quoi faire ! D'autant plus qu'en changeant de scène il est possible d'assigner jusqu'à 3 fois plus de paramètres. Bien entendu, cela nécessite un gros travail de mémorisation, mais franchement, quel bonheur d'avoir accès à autant de contrôleurs sur une si petite surface.

Le nanoKEY - Idéal près d'un clavier d'ordinateur lors d'une session de sound design, il permet d'éviter de brancher un clavier midi plus conséquent lorsqu'il s'agit juste de « tester » ses sons où de déclencher quelques événements MIDI. Très pratique également pour composer une mélodie à la volée n'importe où. En revanche, une utilisation scénique demandera un certain entraînement pour ne pas « louper » des notes, une conséquence directe de la taille des touches.

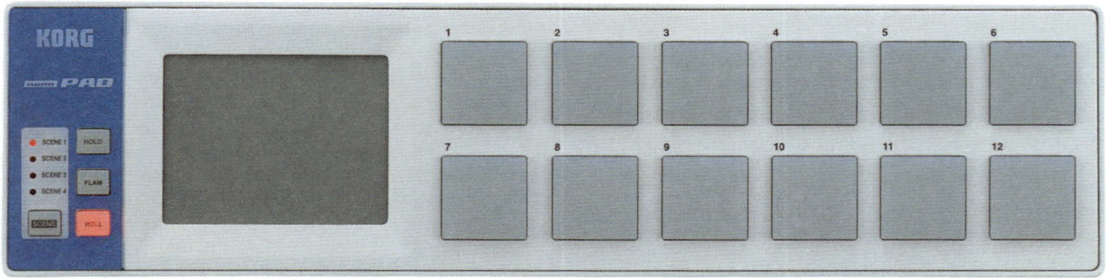

Le nanoPAD - Si vous n'avez pas envie d'investir dans un padKONTROL, voilà une excellente alternative. Selon nous, la force du nanoPAD est cachée : il est en effet possible d'assigner jusqu'à 8 informations MIDI par note et donc de déclencher 8 événements simultanément en appuyant sur une seule touche !

Cockos Reaper

Type : séquenceur Audio/MIDI
Site : www.reaper.com
Prix : 50 dollars

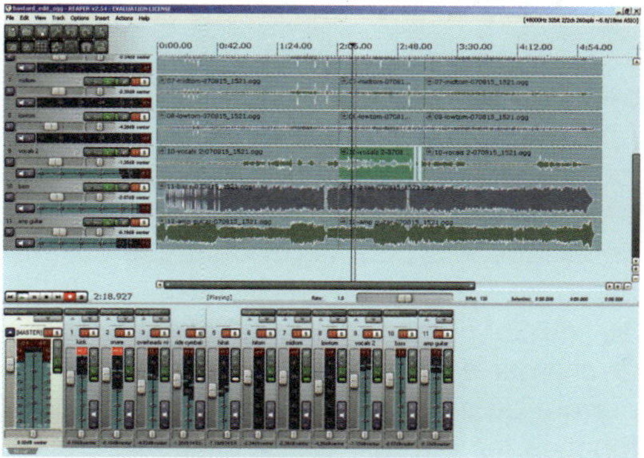

Reaper fait partie de la famille des sharewares, ce n'est donc pas un freeware, mais au vu du prix très faible du logiciel (50 $), on peut dire qu'il s'agit véritablement d'un cadeau. Avant de vous enregistrer, vous disposez d'une période d'essai de trente jours. Passé ce délai, si vous n'avez pas encore enregistré votre logiciel, vous verrez apparaître une petite fenêtre au démarrage qui vous rappellera de ne pas oublier de soutenir l'équipe de développement. Si vous ne le faites pas, Reaper continuera à fonctionner normalement sans restreindre les fonctions du logiciel... Incroyable ! Nous ne sommes pas habitués à une telle confiance... Petite précision, pour ce prix l'éditeur vous donne le droit d'utiliser Reaper uniquement dans un but non lucratif. Dans le cas contraire, si vous ramassez le jackpot avec votre nouveau tube, il faudra vous acquitter des 225 $ demandés pour une utilisation commerciale.

Installation

Passons aux choses sérieuses, allons télécharger Reaper sur son site : www.reaper.com. Et là, quelle surprise, les développeurs ont réussi un véritable tour de génie en réduisant la taille du logiciel à une véritable peau de chagrin. En effet, Reaper ne pèse que 3,4 Mo ! Démo comprise ! Ici la puissance de votre ordinateur est au service de l'utilisateur. Ce n'est pas tout, Reaper est compatible avec toutes les versions de Windows : de 98 à Vista en passant par Wine (émulateur Windows pour Linux) et Windows X64.
Grâce à son développement très optimisé, Reaper peut fonctionner avec un ordinateur peu puissant. La configuration minimum demandée est un PC avec un processeur

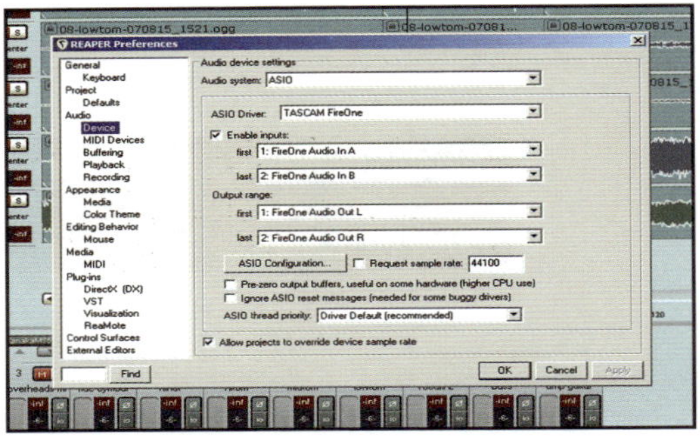

Un menu Préférences plus que complet.

Une séquence MIDI dans Reaper.

cadencé à 500 mHz avec 128 Mo de RAM, 10 MB d'espace disque, un écran 800 x 600 en 256 couleurs et une carte son qui ne nécessite pas nécessairement un driver ASIO. Soit une configuration qui date de dix ans ! Pour les débutants, les associations ou encore les écoles, c'est du pain bénit ! Si vous n'avez pas de carte audio externe (avec un driver ASIO), il est vivement conseillé d'installer ASIO4ALL pour réduire la latence audio de façon conséquente.

Moteur !

L'équipe de développement a pris le temps de soigner la présentation du logiciel. Le graphisme, les couleurs et les icônes confèrent à l'ensemble une esthétique plutôt agréable. Sachez que vous pouvez personnaliser l'interface ; vous trouverez même sur le net des skins à charger en passant par le menu Préférences. La partie supérieure de la fenêtre est dédiée à l'affichage de l'arrangement (comme sur tous les séquenceurs). La partie inférieure est réservée à l'affichage de la table de mixage, elle peut cependant être ouverte dans une fenêtre indépendante.

Au premier démarrage, Reaper vous propose de charger le morceau de démonstration. Cela permet de se faire rapidement une idée du fonctionnement du logiciel. Première étape : le menu Préférences avec le paramétrage de la carte audionumérique et du clavier MIDI.

Cliquez pour cela dans le menu Options puis choisissez dans la colonne de gauche « Audio » puis « Device ». Le nombre d'options proposées dans le menu Préférences donne une idée du potentiel du logiciel… Si vous avez la chance d'avoir un clavier MIDI, il faudra cliquer sur le champ suivant (MIDI Device) et activer votre périphérique (par défaut, Reaper n'active pas les périphériques MIDI, ils sont tous sur Disable). Le moteur audio de Reaper est d'une stabilité impressionnante. Pendant les phases de tests, aucun crash, pas de « *Le*

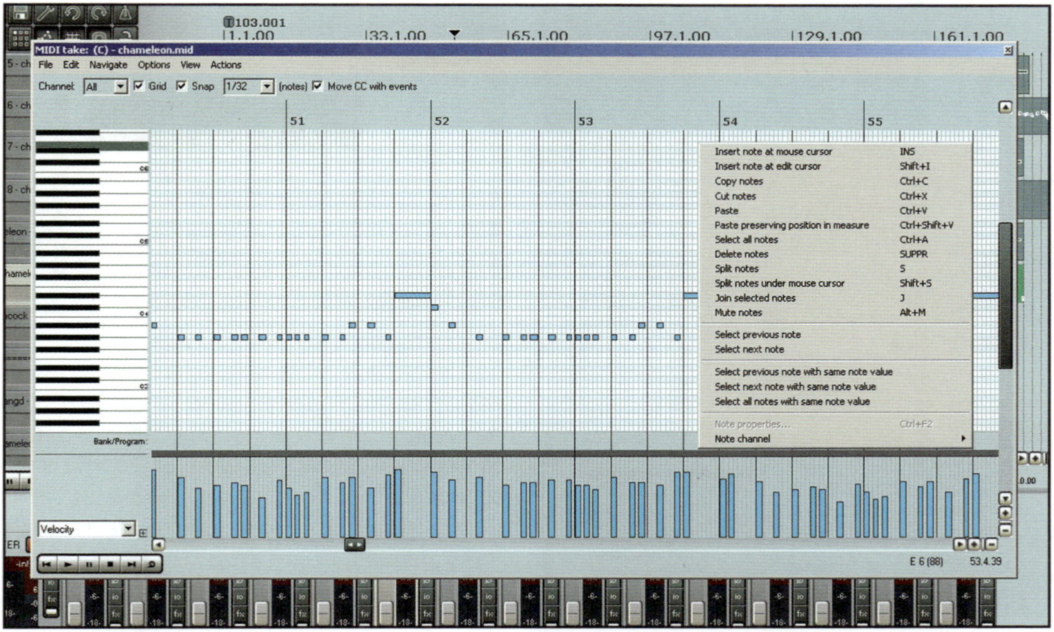

Un éditeur Pianoroll qui rappelle un certain Cub…

logiciel ne répond pas ». La simplicité de l'interface graphique permet également de réduire le risque d'une surconsommation de ressources.

Le son est très propre, pas de craquement ni de souffle, il n'a rien à envier à Cubase, et encore moins à Live. Grâce à son moteur 64 bits, Reaper est à même de fournir une qualité audio plus que satisfaisante. Cockos propose même un moniteur de consommation de ressource par pistes !

Les dix commandements de Reaper

Pour utiliser Reaper, Cockos propose une série de 10 icônes situées en haut à gauche. Pour la première rangée, de gauche à droite, vous allez pouvoir : créer un nouveau projet, ouvrir un projet, sauvegarder un projet, paramétrer votre projet (fréquence et format d'enregistrement, tempo, signature rythmique, notes personnelles…), undo, redo et enfin activer le métronome.

Pour le second rang : activer/désactiver le

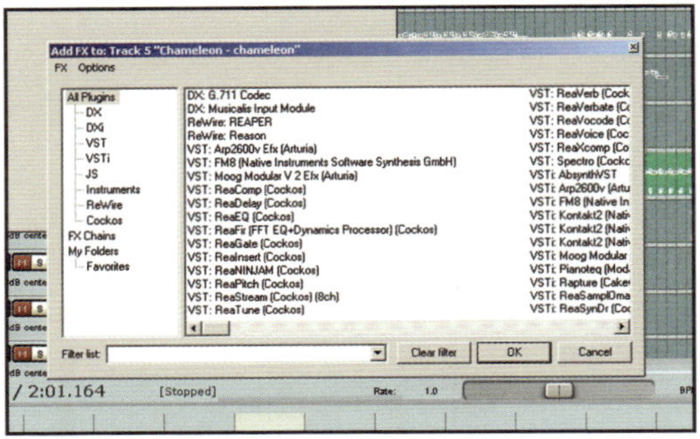

Le manager de plugs-in.

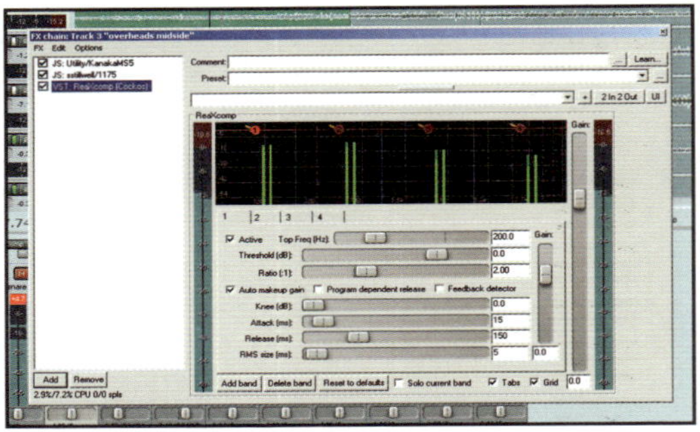

Un plug-in de compression fourni avec Reaper.

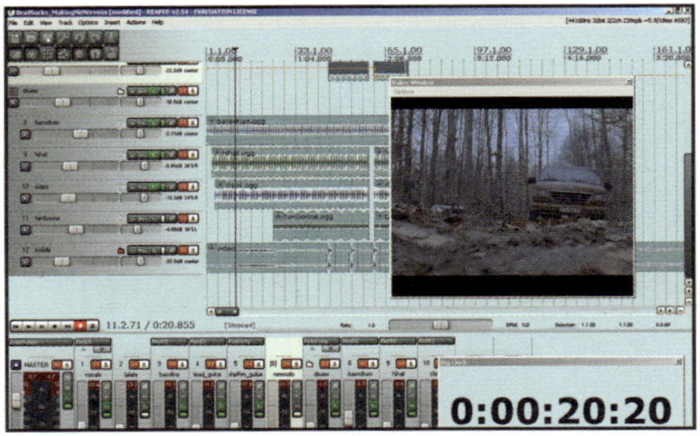

Même la musique à l'image est au menu !

crossfade automatique (fonction qui permet d'augmenter et diminuer le volume progressivement), activer/désactiver le groupement d'objets, activer le mode Ripple (permet de sélectionner un objet seul, une piste entière avec tous ses objets et enfin sélectionner toutes les pistes avec leurs objets), effectuer un déplacement des objets sans déplacer les points d'enveloppe (volume, panoramique…), afficher la grille rythmique ou temporelle, activer/désactiver le magnétisme pour le déplacement des objets puis enfin une commande pour désactiver les verrous situés sur les objets pour pouvoir les déplacer dans l'arrangement.

Des pistes à volonté !

Contrairement à de nombreux séquenceurs, Reaper ne distingue pas graphiquement les pistes audio des pistes MIDI. Si vous avez besoin d'une nouvelle piste (MIDI ou Audio), faites simplement un clic droit sur l'espace dédié à droite et choisissez « Insert new track ». Cliquez ensuite sur le bouton « R » de votre piste (cela armera votre piste) puis sélectionnez la source en cliquant sur la flèche du bas, c'est seulement ici que vous déciderez si vous enregistrez de l'audio ou du MIDI. Chaque piste propose une série d'indicateurs : ainsi vous disposez de gauche à droite de « io » (pour In/Out, vous pourrez ici envoyer ou faire

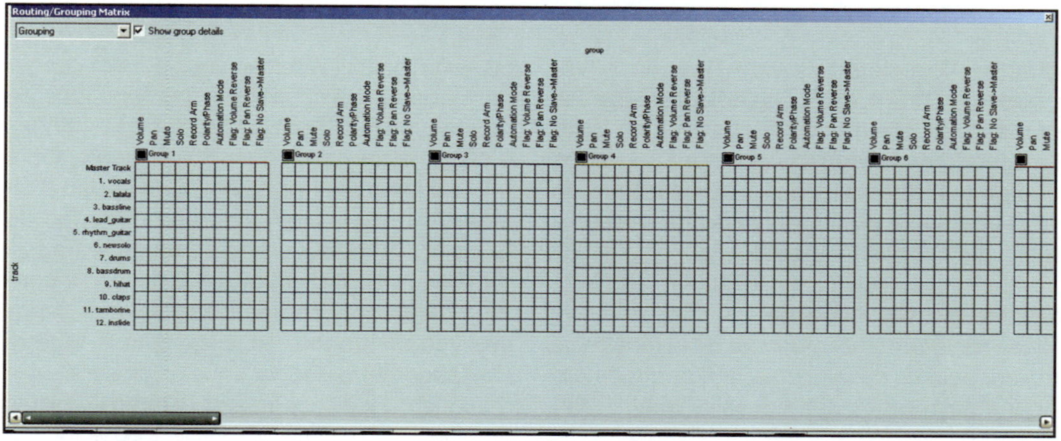

Utilisez les pistes de groupe grâce à la matrice !

venir un signal audio ou MIDI avec une autre piste) ; TRM permet d'accéder à l'automation d'une série de paramètres audio (volume, panoramique, volume Pre FX, Pan Pre FX et enfin mute) mais aussi MIDI (contrôleurs) ; FX permet de charger des plugs-in d'effets mais aussi des instruments virtuels *(voir plus bas)* ; l'icône suivante Ø permet de changer la phase ; et on termine par les incontournables M (Mute) et S (Solo). En dessous, on retrouve notre bouton R qui permet d'armer la piste (on peut armer autant de pistes que souhaité) suivi par le fadeur de contrôle du volume de la piste puis par un second fadeurpour contrôler la panoramique (gauche/droite). À gauche du témoin de niveau (crête-mètre), vous trouverez un bouton pour activer le monotoring direct suivi par le bouton « In » qui vous permettra de sélectionner avec précision l'entrée et le format (mono/stéréo…).

Des plugs-in par centaines !

Si vous débutez en MAO, vous n'avez pas forcément de plugs-in d'effets. Pas de panique, Reaper propose une panoplie de 222 plugs-in très intéressants : échos, reverbs, chorus, modélisations d'ampli, égalisations, compresseurs… avec pour chacun d'entre eux une série de presets prêts à l'emploi ! Pour gérer au mieux ces plugs-in, Reaper propose même une interface très claire pour scanner vos disques durs puis ranger et trier vos plugs-in par formats : Dx, VST, JS et même Rewire puisque Reaper est compatible (maître et esclave) avec ce protocole qui permet d'échanger des informations audio et MIDI en temps réel avec d'autres logiciels tels que Reason, Live, Cubase... Vous pourrez également chaîner les plugs-in les uns aux autres, les muter, filtrer l'affichage des plugs-in par noms... Si vous chargez un titre mais qu'il vous manque un plug-in, Reaper prend le soin de vous le nommer... Ils ont pensé à tout !

La table de mixage

Placé dans la partie inférieure de la fenêtre, le mixeur peut se désolidariser de l'arrangement pour s'ouvrir dans une nouvelle fenêtre : faites pour cela un clic droit sur le mixeur puis décochez la fonction « Dock Mixer in Docker ». Dans cette configuration, vous pourrez charger les plugs-in directement au-dessus des pistes (très pratique). Si vous souhaitez regrouper des pistes, aucun souci ! Reaper vous propose même une matrice, il suffit de cocher les pistes que vous souhaitez regrouper. Si vous souhaitez réaliser des mixages, sachez que Reaper est compatible avec de nombreux formats audio, vous pourrez donc directement insérer dans la fenêtre « Arrangement » des fichiers Wav, MP3, WMA, Ogg Vorbis, Flac et MIDI.

Édition spéciale

Voici sans doute le seul point faible de Reaper. En faisant un double clic sur une forme d'onde d'un fichier audio, on découvre avec étonnement une fenêtre qui nous indique : « *No external editor* ». Le message est clair, il faudra donc utiliser un éditeur externe ; vous pouvez cependant quand même réaliser des fonctions de montages en utilisant la loupe et les poignées d'entrée et de sortie des fichiers audio. Côté MIDI, c'est mieux puisque l'on dispose d'un éditeur de type Pianoroll. Les habitués de Cubase s'y retrouveront, et les autres aussi puisque ce type d'éditeurs est devenu incontournable pour l'édition MIDI. Si vous déposez une séquence MIDIFile dans la fenêtre d'arrangement, Reaper vous proposera automatiquement de séparer les différentes pistes en fonction des canaux MIDI. Sur ce point, faites attention car l'éditeur MIDI Pianoroll affiche par défaut pour chaque piste 16 canaux MIDI. Prenez soin de bien réassigner les canaux MIDI en sélectionnant toutes les notes d'une piste puis en faisant un clic droit, choisissez « Note properties », puis changez le canal MIDI pour le faire correspondre à vos différents instruments virtuels. Sur la partie inférieure gauche, vous trouverez un menu déroulant pour sélectionner les différents contrôleurs MIDI (encore une fois, on reconnaît les influences cubasiennes... mais on ne change pas une équipe qui gagne !).

Le roi est mort, vive le roi !

Reaper a tout pour séduire les débutants mais aussi les amateurs très éclairés. Il est simple à utiliser, efficace, stable et permet également de synchroniser de la vidéo en grand écran ! Il ne lui manque que la langue de Molière !

Steinberg Sequel 2

Type : séquenceur Audio/MIDI
Site : www.sequel-music.net
Prix : 99 euros

Avec Sequel, Steinberg a su profiter d'une absence remarquée pour les PC d'un séquenceur à boucles facile à utiliser et donc accessible à tous. Sur Mac, Apple avait comblé cette absence avec GarageBand, mais pas de version PC bien évidemment.
Steinberg compte bien monopoliser le marché sur PC mais également empiéter sur les plates-bandes d'Apple puisque Sequel est compatible Mac. Pour prétendre réussir ce nouveau défi, le créateur de Cubase a dû sortir le grand jeu.

Enfin une démo !

Un atout non négligeable pour faire connaître son logiciel. Il faut dire que cela n'était pas gagné d'avance puisque Cubase ne dispose toujours pas à ce jour de démo !
Avant de commencer, bonne nouvelle pour les non-anglophones, la démo comme la version complète sont en français ! De quoi réconcilier la MAO avec tous ceux qui ne pratiquent pas la langue de Shakespeare.
Pour télécharger la démo, rendez-vous sur le site de Sequel : www.sequel-music.net. La démo est accessible sans enregistrement ou même d'e-mail, et elle est limitée à 45 jours d'utilisation, largement de quoi faire le tour du logiciel surtout que la sauvegarde de projet n'est pas verrouillée !

À qui s'adresse Sequel ?

Sequel s'adresse tout naturellement aux débutants, mais ses nombreuses options notamment pour le jeu en live pourront séduire les

Le nouveau Sequel avec ses icônes d'instruments.

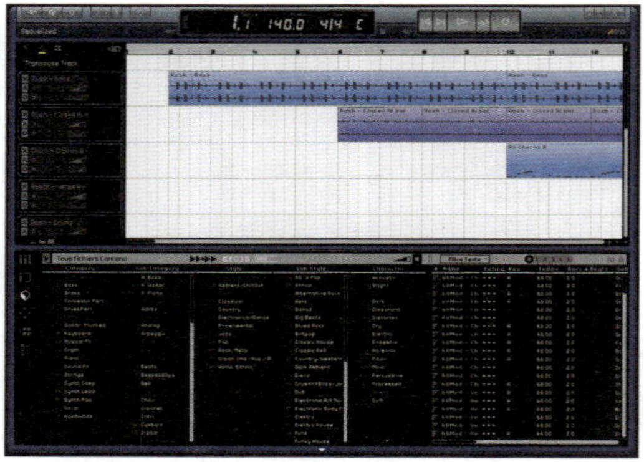

Devant chaque catégorie, on peut savoir combien on dispose de boucles.

amateurs éclairés, voire les professionnels. À l'image de Cubase, Sequel est un séquenceur Audio et MIDI. On va donc pouvoir enregistrer et lire des pistes audio (Wav et MP3) et des pistes d'instruments virtuels. Le nombre de ces pistes audio et MIDI n'est pas limité, seule la puissance de votre ordinateur peut réduire votre champ d'action. Steinberg recommande un ordinateur (PC ou Mac) avec un processeur cadencé à 2 GHz avec 1 Go de mémoire, un espace disque de 6 Go et un écran supportant une résolution de 1280 x 800 pixels (soit la résolution la plus commune sur les ordinateurs portables).

Les 6 Go d'espace disque vont accueillir la collection de boucles (5000) et de samples spécialement conçus par Steinberg. Coté OS, Sequel requiert Windows XP ou Vista.

Vous trouverez dans le mode d'emploi, fort bien fait d'ailleurs, un chapitre dédié à l'optimisation de Sequel avec votre ordinateur. Cela va sans dire, une interface audio externe avec un driver ASIO sera la bienvenue. Cependant vous pourrez utiliser Sequel avec le driver ASIO Direct X Full Duplex.

Si vous utilisez Windows Vista, sachez que vous pourrez profiter d'une latence nulle même avec le driver WDM de Windows, ainsi les pilotes ASIO ne sont plus indispensables.

Les nouveautés de la version 2

La nouvelle version 2.0 apporte de très nombreuses améliorations. La grosse nouveauté est sans aucun doute la compatibilité entre Sequel et Cubase, une passerelle qui pourrait en effet permettre à Steinberg de conforter la place de Sequel. Autre fonction désormais accessible, la possibilité de contrôler le logiciel à partir d'une surface de contrôle, un plus indispensable pour les sessions de live.

Que ce soit le contrôle du volume, le mute ou le contrôle des effets, tout est assignable grâce

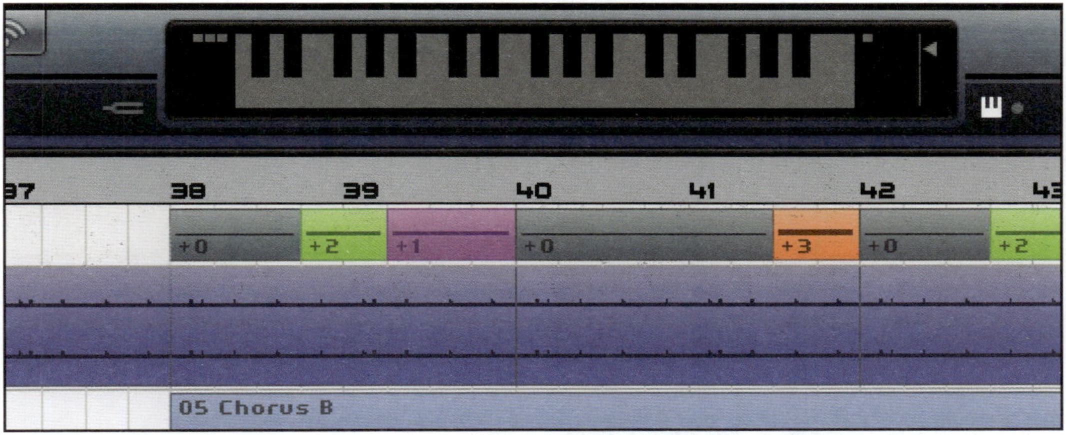

Jouez du piano avec votre clavier d'ordinateur.

à la fonction MIDI Learn.
Si vous débutez dans le monde de la MAO, vous n'êtes pas forcément équipé d'un clavier MIDI et/ou d'une carte son indépendante. Même si le confort n'est pas comparable, Sequel propose un clavier virtuel assigné au clavier de votre ordinateur. Il s'affiche à la place de la fenêtre située tout en haut avec la position de la tête de lecture. On peut visualiser les touches de votre clavier mais on peut également changer d'octave et modifier la valeur de la vélocité (et ainsi obtenir des nuances).

Freeze

Pour soulager le processeur de votre machine, Sequel propose désormais une fonction Freeze qui permet de convertir une piste instrument (MIDI) en une piste audio. Comme sur Cubase, vous pourrez « défreezer » une piste pour éventuellement ajuster les notes MIDI.
Autre fonction qui manquait à Sequel, la possibilité de modifier le tempo général sans pour autant automatiquement changer le tempo des boucles audio. Baptisée FreeWarp, cette fonction assouplit considérablement l'ajustement automatique du tempo d'une boucle sur le tempo du morceau, on peut donc désormais corriger avec précision tout fichier audio. Steinberg en a profité pour permettre d'inverser le sens de lecture, un effet de style que de nombreux compositeurs ont exploité avec talent.

En rythme, s'il vous plaît

Autre ajout, la fonction Tap Tempo qui vous permettra de donner le beat à Sequel. En suivant vos clics à la souris, Sequel ajustera en temps réel le tempo du logiciel.

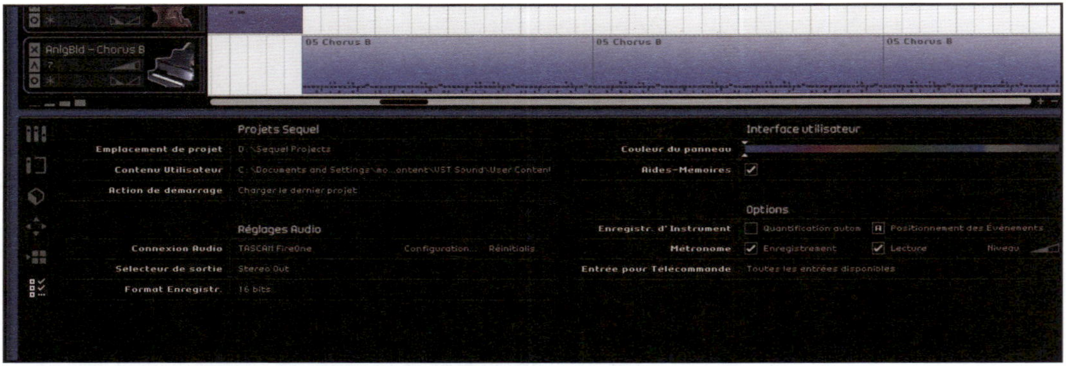

Le menu paramètrage de Sequel.

Côté graphisme, Sequel 2 peut dorénavant afficher une icône symbolisant un instrument. C'est plutôt joli, et surtout cela permet de visualiser une ou plusieurs pistes sans pour autant avoir à lire le nom des pistes qui est affiché dans Sequel verticalement. Un bouton permet de masquer les images. Les connaisseurs remarqueront que les instruments affichés sont des instruments Yamaha ! Et oui, Steinberg fait partie de la célèbre marque japonaise symbolisée par trois diapasons !

Pour connaître son stock de boucles, le Mediabay affiche désormais le nombre de boucles disponibles pour chacune des catégories, un plus pour ceux qui arrivent à saturation et qui pourront peut-être investir dans les nouvelles banques de boucles conçues par Steinberg. Voici ce que vous pouvez vous offrir : Rock, Elektro, Funky, Hip-Hop 1 & 2, Industrial et enfin une collection baptisée 80s Pop, chaque set est vendu au prix de 14,90 € TTC.

Les effets de Sequel

Il n'est pas dans l'intérêt de Steinberg de concurrencer Sequel et Cubase. C'est sans aucun doute la raison pour laquelle il est impossible de charger des plugs-in externes (VST, DX, RTAS…). Steinberg a donc intégré une batterie d'effets pour garantir à Sequel une totale autonomie en terme de production musicale. La sélection des effets se fait à partir de la fenêtre de mixage individuelle. Les pistes instruments (MIDI) profitent d'une section « Effets événement » où l'on va pouvoir appliquer un arpégiateur et/ou un générateur d'accords programmable. Toujours dans cette même fenêtre, on pourra retravailler le timbre de l'instrument (enveloppe ADSR, LFO, filtre résonance…). On peut insérer sur chacune des pistes deux effets différents (délai, distorsion, gate, reverb, vibrato, chorus, flanger, dualfilter, autopan…) et activer ou non un compresseur. À cela s'ajoute une section éga-

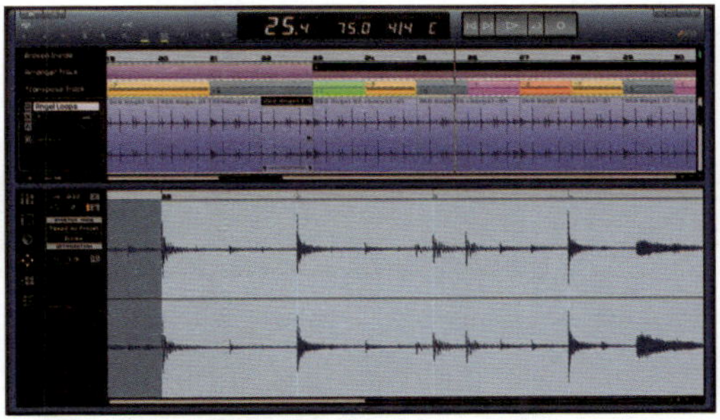

L'éditeur audio.

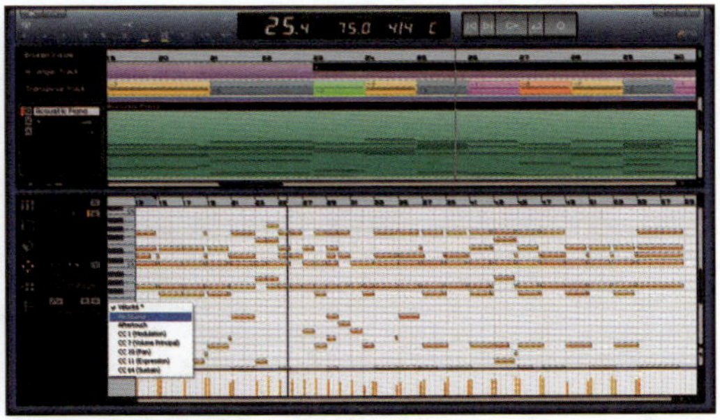

L'éditeur MIDI (Pianoroll).

lisation (avec 3 bandes paramétriques et 23 presets), deux départs vers deux bus auxiliaires (Effets globaux) pour envoyer une ou plusieurs pistes sur un même effet, et enfin une section pour le bus Master (la sortie principale) pour insérer, en plus du Stéréo Enhancer et du Maximizer, deux effets supplémentaires.

Les instruments de Sequel

Si comme pour les effets, l'import d'instruments virtuels n'est pas possible, Steinberg compense en proposant le sampleur HALion One, une version plus allégée d'HALion, le sampleur made in Steinberg. Rassurez-vous, tous les instruments indispensables sont intégrés dans cette version d'HALion.

Dynamisez vos soirées avec Sequel !

Steinberg a également conçu Sequel pour être utilisé en live. Pour ce faire, Steinberg a imaginé une section « arrangement » où l'on va pouvoir assigner différentes parties d'un titre aux lettres du clavier de notre ordinateur et ainsi déclencher les parties comme avec Live d'Ableton. Ainsi, vous pouvez préparer un ou plusieurs titres avec un maximum de boucles dans le genre que vous souhaitez et assembler en live vos présélections lors de vos soirées. Avec un total de 16 parties différentes par morceaux, il suffit d'appuyer sur les touches de votre clavier pour passer d'une séquence à une autre tout en restant en rythme. Mieux, on peut sauvegarder des séquences d'enchaînement !

Conclusion

Une mise à jour conséquente, qui n'est cependant pas gratuite pour ceux qui ont acheté la première version, puisque Steinberg demande un supplément de 29 €.
Le prix de la version complète est toujours de 99 €, en attendant une version 3. Voilà quand même de quoi satisfaire le plus grand nombre d'entre vous.

M-Audio KeyStudio 49i

Type : Clavier maître MIDI + interface audio
Constructeur : M-Audio
Site : www.m-audio.fr
Prix : 260 euros (env.)

Il faut dire que, pour le moment, peu de fabricants se sont lancés dans cette voie. Ces derniers temps, la concurrence acharnée des différents fabricants s'est plutôt focalisée sur le nombre de contrôleurs. C'était à celui qui proposerait le plus de boutons, de fadeurs, de potentiomètres, de pédales, de pads, de benders, de pitch bend… M-Audio est revenu à l'essentiel en fin d'année dernière avec le KeyRig en version 25 et 49 touches. Désormais, voici une déclinaison du modèle 49 touches avec une carte son audionumérique équipée de sonorités de piano provenant du célèbre fabricant de pianos allemand : Steinway & Sons.

Après avoir ouvert l'emballage, on est rapidement rassuré par la qualité de fabrication du clavier. En effet, le moulage de la coque et les différents contrôleurs confèrent au KeyStudio 49i un design plutôt sympathique. Dans le carton, vous pourrez remarquer la présence d'un CD avec les drivers, un autre CD avec une version lite du séquenceur Live d'Ableton ainsi qu'un câble USB. Ce dernier va vous permettre de le connecter à votre ordinateur. Attention cependant à votre OS, les drivers fournis par M-Audio ne sont compatibles qu'avec Windows XP, Vista et Mac OS X, pas de solution si vous avez un Windows 2000. L'utilisation des drivers n'est pas indispensable : grâce au mode Class Compliant, vous pouvez connecter directement le clavier et l'utiliser (attendez quand même que votre système ait reconnu et paramétré automatiquement le clavier). Les drivers fournis par M-Audio pourront cependant vous permettre de réduire la latence et de profiter pleinement des différentes fonctions du clavier.

La face arrière nous dévoile le potentiel audio du KeyStudio 49i.

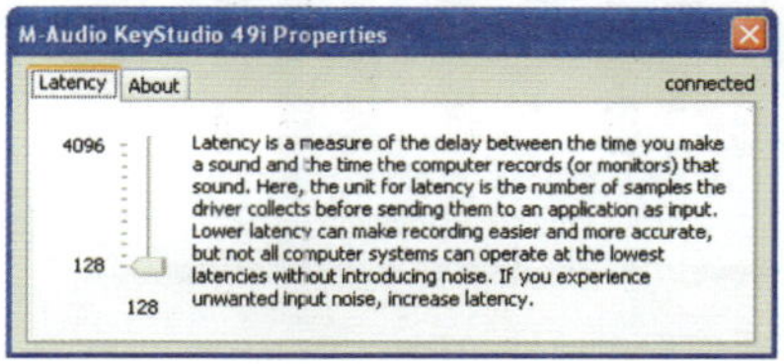

La fenêtre qui permet d'ajuster la taille des buffers et donc d'ajuster la latence.

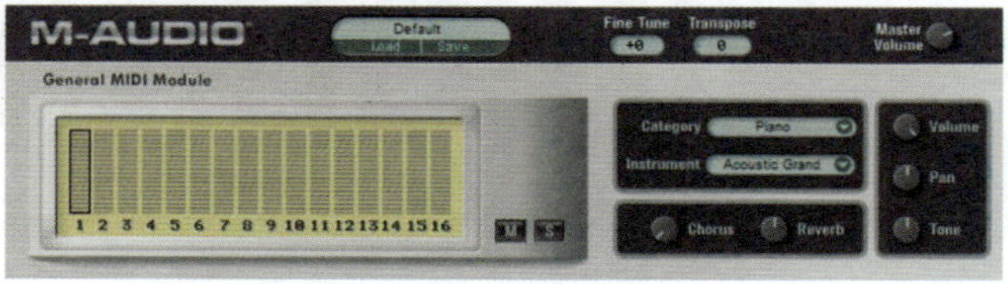

Une banque de sons au format GM, merci M-Audio !

En revanche, inutile de chercher l'alimentation externe pour utiliser le KeyStudio 49i de façon autonome. Il faudra donc acquérir une alimentation externe (9 V – 500 mA) si vous souhaitez utiliser ce clavier dans cette configuration.

Un toucher agréable

Le toucher du clavier est tout à fait convenable. Ne vous attendez pas à un toucher lesté comme sur un piano, on a plutôt affaire ici à un toucher de type synthétiseur des années 1980, sensible à la vélocité mais à l'aftertouch. Deux boutons Octaves Up & Down permettent d'accéder aux notes aiguës et graves de vos instruments.

La carte son

La carte audionumérique du KeyStudio 49i vous propose deux sorties casques (situées à l'avant), deux sorties audio en jack 6'35 asymétriques, deux entrées RCA et enfin une double entrée Jack 6'35 et XLR pour connecter instruments et micro. La numérisation (en entrée et en sortie) est réalisée en 16 bits\44,1 KHz.

La présence d'une entrée XLR vous permettra de connecter des micros dynamiques ; oubliez néanmoins les statiques, il n'y a pas d'alimentation fantôme (sauf s'ils peuvent être alimentés par pile). Les boutons Mic Gain et Inst Gain présents sur la partie avant permettent d'ajuster le niveau de ces deux entrées (indispensables).

Afin de pouvoir utiliser un module de son externe, un autre synthétiseur ou encore une boîte à rythme, le KeyStudio 49i dispose enfin d'une sortie MIDI (cela peut s'avérer très utile).

Le son « Steinway »

M-Audio s'est procuré des sonorités d'un piano Steinway, de quoi satisfaire les pianistes exigeants ; la polyphonie (le nombre de notes que

Paré d'une robe gris métallisé, le KeyStudio 49i a presque l'allure d'une aile d'avion.

l'on peut jouer simultanément) est limitée à vingt voix, de quoi jouer en toute tranquillité (même avec une pédale de sustain).

Le rendu sonore est convaincant, surtout grâce à la réverbe (programmable). En pressant les touches Edit Mode et Reverb, vous pourrez écouter la démo intégrée dans le clavier.

Avec un poids et un encombrement réduits, le KeyStudio 49i s'avère donc être un piano numérique plutôt réussi, même si le clavier n'est pas comparable avec celui d'un clavinova. Si le son ne vous emballe pas, vous pourrez toujours télécharger et utiliser PianoTeq, le magnifique plug-in VST de piano conçu par Moddart.

GM Module et Live

Afin de ne pas laisser les premiers utilisateurs sans ressources sonores, M-Audio a pensé à proposer un module sonore compatible GM sous la forme d'un instrument virtuel. Il s'agit donc d'un plug-in VST conçu pour reproduire les 128 sonorités de la norme General MIDI (GM). Vous pourrez donc lire une séquence MIDI et jouer par-dessus. Comme à son habitude, M-Audio fournit également une version « lite » du célèbre séquenceur Live, de quoi occuper vos soirées pour un bon moment !

Les contrôleurs

Afin de garantir un prix attractif, M-Audio a limité le nombre de contrôleurs. En effet, seul l'essentiel est présent avec les molettes Modulation et Pitch Bend, le fadeur de volume et la prise de pédale sustain (non fournie).

Vous aurez remarqué sur le panneau avant du clavier la présence d'un bouton « Direct Monitor » : il vous permettra d'écouter directement le son que vous enregistrez par les entrées audios. Cette méthode, utilisée par de nombreux fabricants, permet d'éviter la gêne due au décalage produit par le traitement de la numérisation (le son entre dans l'ordinateur, passe par le logiciel et ressort par la carte son, ce qui engendre une latence).

Grâce à la présence d'un panneau de confi-

Avec une version du séquenceur Live d'Ableton, vous voilà paré pour de nouvelles aventures musicales.

guration, vous allez pouvoir régler pour le jeu au clavier la taille des buffers et donc ajuster cette valeur par rapport à votre configuration ; il est conseillé de choisir une valeur inférieure à 512 pour ne pas avoir de décalage entre votre jeu sur le clavier et le son de vos instruments virtuels. Il va de soi que, concernant les sonorités du Steinway, vous n'aurez aucune latence puisqu'elles sont directement placées dans le clavier.

Enfin, si vous souhaitez programmer le KeyStudio 49i en détail, il vous suffira d'utiliser le mode Edit Mode et ainsi contrôler de nombreux paramètres (accordage fin, assignation MIDI de la pédale et des molettes, envoi de Program Change, changer le canal MIDI du clavier…).

Vous trouverez dans le mode d'emploi de nombreuses indications pour vous aider à configurer et à utiliser au mieux votre clavier avec votre nouveau studio.

M-Audio, qui, depuis quelques années, présente de nombreux nouveaux produits, fait encore mouche ; le concept devrait intéresser de nombreux musiciens qui, même s'ils ne sont pas pianistes de formation, vont peut-être saisir cette occasion pour s'offrir un Steinway à moins de 260 euros !

UVI Workstation

Type : expandeur virtuel
Éditeur : Univers son
Site : www.uvisoundsource.com
Prix : Gratuit !

UVI Workstation est un expandeur, un module de son virtuel capable de jouer des samples à partir d'un clavier. Il est compatible Mac et PC et supporte les formats de plugs-in VST, RTAS, MAS et Audio Units. Il fonctionne également de façon complètement autonome (Stand Alone). Sur PC, vous devrez au minimum avoir une machine cadencée à 2 GHz avec 1 Go de RAM comportant une version de Windows XP SP2. Un disque dur externe sera également le bienvenu pour stocker les 430 Mo de samples offerts avec UVI Workstation. Vous trouverez sur le site d'UVISoundSource (www. uvisoundsource.com) la page pour télécharger le logiciel et le fichier où sont stockés les samples. Après avoir copié le fichier de samples dans le répertoire UVISoundBanks, il vous suffit de cliquer sur l'icône pour découvrir le formidable potentiel sonore de cette workstation virtuelle.

Accessible à tous

En effet, les développeurs ont particulièrement travaillé sur l'ergonomie du logiciel. Toutes les fonctions sont accessibles en quelques clics. Il faut dire que certains développeurs ont collaboré à la réalisation de MachFive, un sampleur qui propose quasiment toutes ces fonctions sur une seule et même page.

Moteur !

Pour l'occasion, UVI Workstation présente un nouveau moteur audio qui, d'après ses développeurs, surpasse ses prédécesseurs. Le temps de chargement des samples et l'affichage sont particulièrement optimisés, ce qui confère une stabilité et un confort appréciables. Si vous optez pour le mode autonome, cliquez sur le menu « File… », puis paramétrez votre carte son : choix du driver (ASIO et même MME), fréquence d'échantillonnage, taille des buffers, gestion des sorties audios, affectation des interfaces

La page de configuration avec vos périphériques.

MIDI (jusqu'à quatre interfaces différentes). Lors de l'installation, UVI est également allé s'installer sous sa forme plug-in dans votre dossier idoine. Vous pourrez dans ce cas utiliser le logiciel à partir de votre séquenceur préféré (indispensable).

Présentation

La fenêtre du logiciel est découpée en deux parties horizontales, surmontées d'une barre permettant d'ouvrir le navigateur (Browser) et de passer de l'affichage principal (Main) à la page avancée (Expert). La première partie supérieure laisse apparaître par défaut huit « parts » ou slots (A1 à A8) où vous allez pouvoir placer des éléments sonores (instruments virtuels, mais aussi boucles audio et MIDI). Le nombre de parts que l'on peut charger simultanément est illimité ! Seule la puissance de votre ordinateur vous freinera dans votre élan si vous êtes trop gourmand.

Toutes les informations nécessaires au contrôle des différentes parts sont affichées sur une seule et même ligne. On peut noter de gauche à droite : un témoin d'activité MIDI (qui peut également faire office de mute MIDI si vous cliquez dessus), un vumètre pour contrôler le volume, le port et le canal MIDI sélectionné (de A1 ou D16, soit 64 canaux MIDI), deux petites flèches permettant de charger l'instrument placé avant ou après celui qui a été chargé, le nom de l'instrument chargé (si vous cliquez dessus, vous ouvrirez le navigateur, très pratique), un bouton Mute, un bouton Solo, un fadeur pour modifier le volume, le panoramique, la quantité de départs vers les bus auxiliaires 1 et 2, une transposition par octave puis par demi-ton. Une fenêtre supplémentaire vient compléter cette liste ; en cliquant sur le mode Expert, vous pourrez alors paramétrer pour chaque part : l'étendue MIDI sur le clavier, une plage de vélocité, activer le KeySwitch qui permet d'activer/désactiver le son avec une touche du clavier, désactiver le streaming et enfin sélectionner une sortie séparée… ouf !

Tout y est. Il faut reconnaître que les programmeurs ont mis le paquet pour réduire au maximum l'encombrement sans pour autant limiter le potentiel du logiciel.

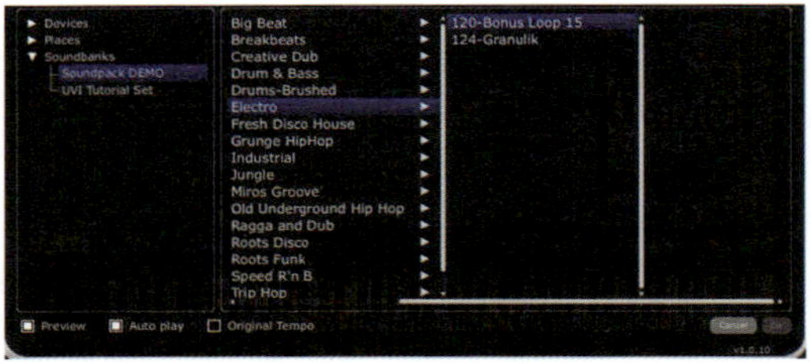

Le navigateur (Browser).

Les parts en mode Main.

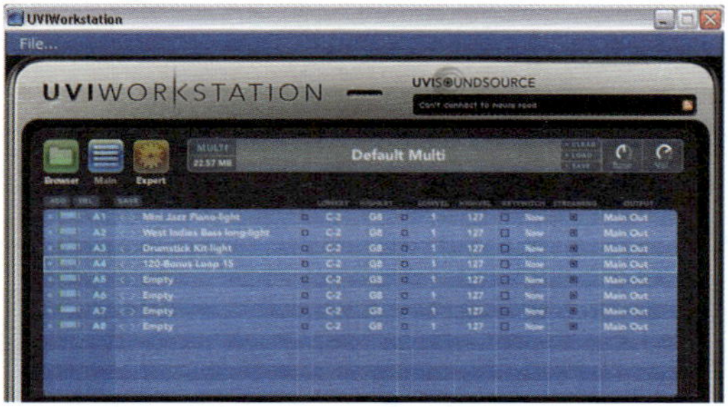

Les parts en mode Expert.

Édition

La partie inférieure vous informe sur la part sélectionnée ; elle se décompose en trois ou quatre onglets : Info, Edit, FX et Loop (si vous avez chargé une boucle). L'onglet Info vous informe sur le nom, la taille et la source de l'élément sonore sélectionné. Le second permettra d'éditer différents paramètres (Enveloppe, Filtre, Modulation, LFO, Transposition…) de l'instrument virtuel ou de la boucle. L'onglet FX se propose de vous guider pour sélectionner une série d'effets très impressionnants, dont une réverbe à convolution. Les paramètres de ces effets seront synchronisables avec l'horloge de votre logiciel hôte et vous pourrez charger autant d'effets que souhaité, vraiment royal ! Tous ces effets peuvent être assignés à un instrument, mais aussi à une part, aux deux bus auxiliaires ou même au bus master.
Enfin, si vous avez sélectionné une boucle, vous pourrez alors sélectionner un des trois modes de lecture proposés : Sample, Stretch et Slice.

UVIWorkstation aurait pu se contenter de lire des boucles dans un format propriétaire. Que nenni ! Vous avez la possibilité d'importer votre propre boucle à condition qu'elle soit au format WAV, AIFF, AppleLoops ou REX (le format de Reason). Grâce à la fonction Drag/Drop, vous pourrez sélectionner vos boucles puis les déposer directement dans les parts.

En mode navigateur (Browser), vous pourrez naviguer sur votre disque dur. UVIWorkstation se propose même de lire les samples sans les charger grâce au bouton Preview ; AutoPlay mettra automatiquement la boucle en lecture dès que celle-ci sera chargée, très intéressant pour des applications sur scène.

Enfin, grâce au mode Multi, vous allez pouvoir sauvegarder vos ensembles de parts avec vos réglages (de quoi vous préparer des kits pour vos soirées). De même, si vous avez la chance d'avoir une surface de contrôle, vous pourrez l'utiliser puisque toutes les fonctions sont contrôlables en MIDI grâce au MIDI Learn (il suffit de faire un clic droit sur la fonction à contrôler).
Si, malgré la simplicité d'utilisation d'UVIWorkstation, il vous manque une information, vous pourrez consulter le mode d'emploi (pour le moment en anglais) puisque, lors de son installation, UVIWorkstation a pris le soin de le copier dans le répertoire situé sur votre disque dur.

Conclusion

Ultimate Sound Bank espère attirer les foules avec cette nouvelle workstation virtuelle. Il faut reconnaître que, pour un début en version freeware, UVIWorkstation est bien parti pour se placer comme le meilleur freeware du moment. À essayer d'urgence !

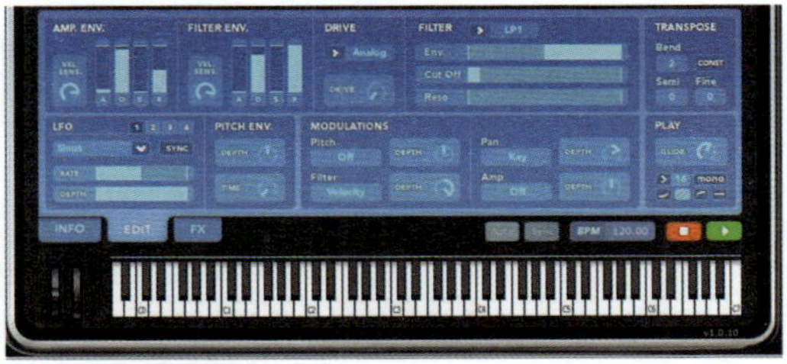

L'éditeur d'instruments.

La section effets, à volonté !

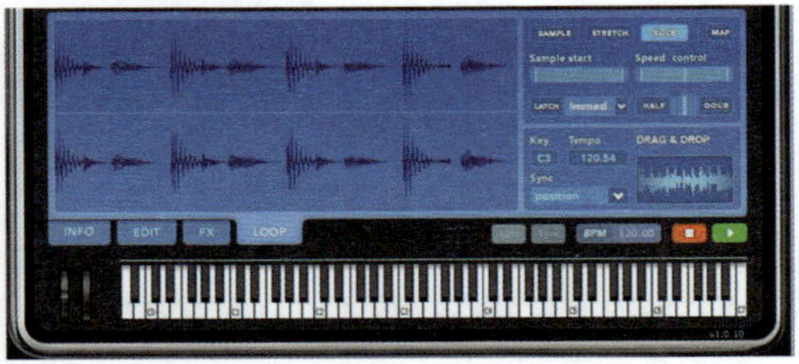

L'onglet d'édition des boucles.

Yellow Tools Independence Free

Type : Lecteur d'échantillons
Site : www.yellowtools.us
Prix : Gratuit !

Yellow Tools capitalise son expérience acquise avec ses « players » de samples pour proposer aujourd'hui une version 2.0 de son sampleur. Créé en 2005, Independence est un sampleur qui a tous les atouts pour se faire une belle place sur le marché des sampleurs virtuels. Rappelons au passage ses principaux concurrents : Kontakt (Native Instruments), GigaStudio (Tascam), HALion (Steinberg), Mach Five (MOTU), Structure (Digidesign), Emulator X (E-MU), EXS24 (Apple). Compatible Mac et PC, Independence se charge comme un plug-in VST (et AU sur Mac) ou fonctionne de façon complètement autonome sur votre ordinateur (Stand Alone). Vous pouvez télécharger Independence Free à cette adresse : www.yellowtools.us/cp21/cms/index.php?id=842.

Si le téléchargement vous semble trop long (le serveur n'est pas très rapide), vous pouvez, moyennant la somme de 9,90 euros, demander à Yellow Tools de vous envoyer le logiciel avec ses samples sur un DVD.

100 % gratuit ?

Eh bien oui, pour faire connaître son nouveau fer de lance, Yellow Tools propose à tous une version complètement gratuite. Il suffit de vous enregistrer sur le site (une broutille) et de télécharger les 2 Go de données que comprennent le soft mais aussi les packages de samples. Lors de l'enregistrement, il faudra simplement

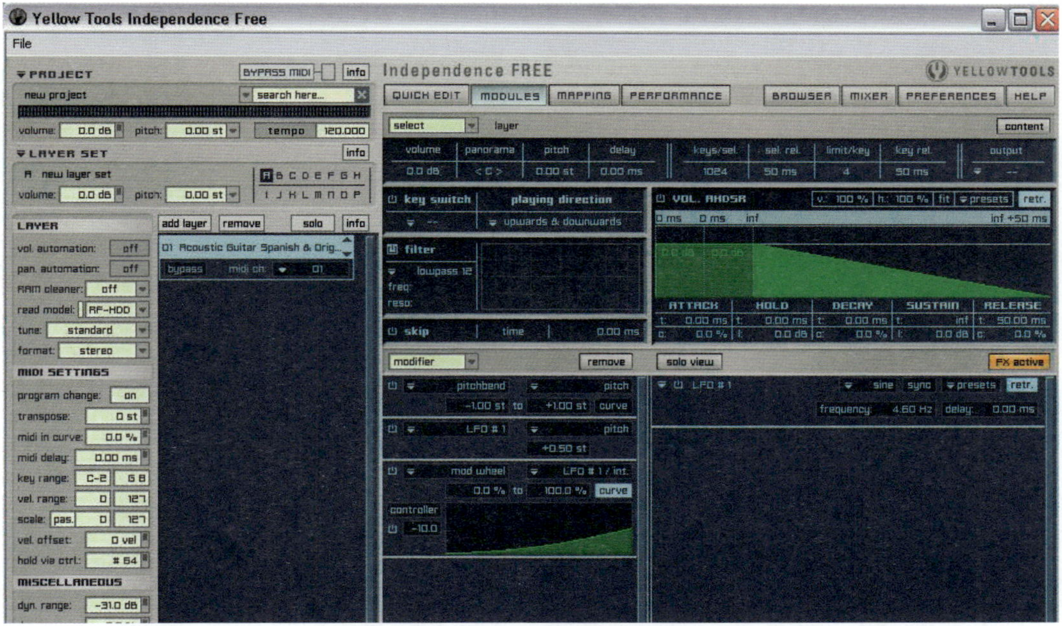

La page d'accueil avec, à droite, la fenêtre d'édition Modules.

noter dans le champ Serial : INDE-FREE. Yellow Tools vous donne sa bénédiction pour utiliser son soft (y compris les samples) sur vos créations qui auront la chance de profiter d'une diffusion commerciale. Seule restriction à ce jour, l'impossibilité de charger des samples de l'extérieur : en effet, impossible de charger des bibliothèques de samples Akai, Kontakt, SF2… même les WAV et les MP3 ne sont pas acceptés. On comprend mieux pourquoi Yellow Tools propose cette version gratuite avec… des samples.

RF-HDD

Pour profiter pleinement d'Independence Free, Yellow Tools recommande un ordinateur équipé de 512 Mo de RAM, d'un processeur cadencé à 1,4 GHz et donc, de 2 Go d'espace disque. Il est conseillé de placer les samples sur un disque externe, surtout si vous utilisez un ordinateur portable.

Pour rappel, les sampleurs d'aujourd'hui utilisent une technique de lecture des samples basée sur le streaming. Baptisé ici RF-HDD, ce dernier permet de précharger

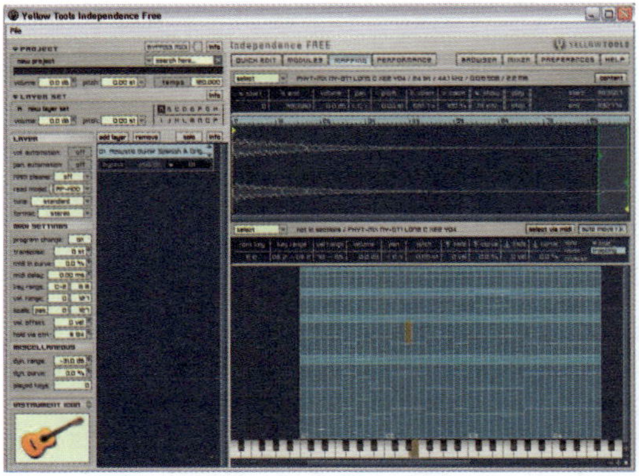

Le mode d'édition rapide Quick Edit.

Le mapping permet d'assigner les samples aux touches du clavier.

une partie (le début) de chaque sample dans votre mémoire vive, cela permet ainsi à Independence de lire instantanément les samples, la suite des samples est lue sur votre disque dur. Yellow Tools vous donne la possibilité d'ajuster cette fonction à votre environnement ; si vous rencontrez des problèmes de craquements, allez dans le menu Preferences et faites quelques tests avec les paramètres proposés.

Une fois installé, vous allez voir que son utilisation est assez simple. Si vous avez la chance de comprendre l'anglais ou l'allemand, vous pouvez à tout moment ouvrir le mode d'emploi (en PDF) avec l'onglet Help.
À sa première ouverture, Independence vous demandera de lui montrer où vous avez placé la bibliothèque de samples, sinon vous pourrez lui spécifier le chemin dans le menu Preferences.
Par défaut, Independence charge un son « basique » matérialisé par une sinusoïdale. Afin de plonger dans les 2 Go de samples, chargez votre premier instrument en cliquant dans l'espace bleu situé dans la colonne de gauche et intitulé : « Click here to load instrument »... on ne peut plus explicite.
Choisissez ensuite dans le menu déroulant l'option Independence Free – Instruments. Vous verrez alors apparaître une liste de familles d'instruments. Au total, 12 familles d'instruments classées de la sorte : 1 Acoustic & Electronic Drum Kits, 2 Acoustic & Electric Basses, 3 Acoustic & Electric Guitars, 4 Electric Pianos, 5 Synthesizers, 6 Ethno & Tonal Percussion, 7 World Percussion, 8 Pipe Organ, 9 Arpeggiator,

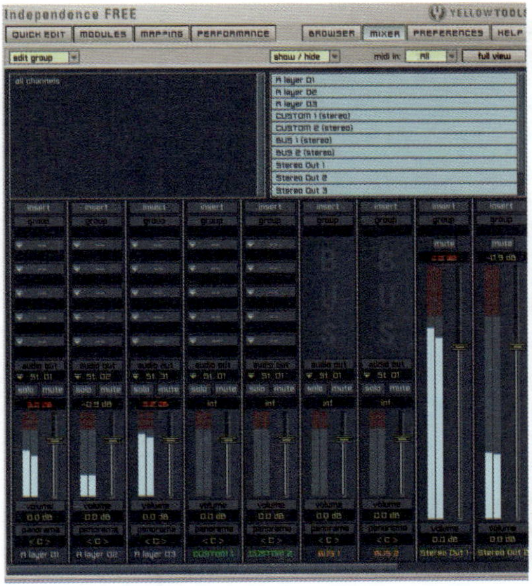

Le panneau Mixer pour ajuster vos niveaux et ajouter des effets.

10 Groove Instruments, 11 Arranger et enfin, 12 Step Sequencer. Les trois dernières familles regroupent les mêmes sonorités que les familles précédentes programmées avec des phrases MIDI, une option que vous allez vite apprécier si vous souhaitez jouer rapidement avec Independence.

À chaque chargement d'un nouvel instrument, Independence vous informe que le chargement est en train de se faire, veuillez dans ce cas patienter (comptez environ 2 à 3 s).

2 Go de samples

Yellow Tools a acquis un savoir-faire incontestable dans l'enregistrement et l'optimisation des samples : la qualité des sons est tout à fait remarquable. Les grandes orgues (d'église), les percussions, les basses acoustiques et électriques avec des articulations telles que des glissandos (des aigus vers les graves et inversement) mais aussi les bruits des doigts qui se déplacent sur les cordes sont très bien réussis. Idem pour les guitares électriques et acoustiques avec également la possibilité de déclencher des glissandos directement sur chacune des notes en appuyant plus fort sur les touches de votre clavier. La famille des synthétiseurs est bien représentée avec pas moins de 33 presets avec basses, leads et pads.

Côté percussions, on est surpris par le premier preset puisqu'il s'agit d'une boîte à meuh ! (effet de surprise garanti !). Les autres presets sont très intéressants surtout pour ceux qui recherchent des sonorités ethniques (udu, tambour saoudien, guiro…). Pour éviter de retourner à chaque fois dans le menu déroulant lors de la sélection de presets, vous pouvez passer automatiquement à l'instrument suivant (ou précédant) en utilisant les deux petites flèches situées sur la partie droite où est noté le nom de l'instrument.

Avec 2 Go d'espace disque, on pourrait se demander pourquoi il n'y a pas plus de

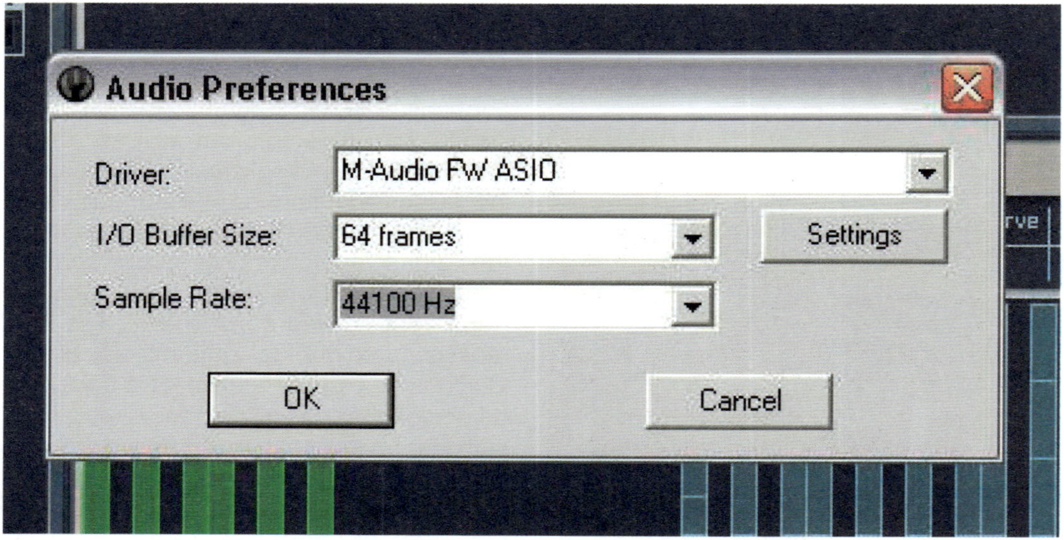

Le panneau de configuration audio en mode Stand Alone.

presets. La réponse est simple, tous les samples proposés par Yellow Tools ont été enregistrés en 24 bits à 44,1 ou 48 kHz. Sachez également que Independence utilise un format propriétaire (*.ytif), inutile d'espérer récupérer les samples sur un autre sampleur.

À l'intérieur de chaque famille, vous pouvez visualiser les différents samples grâce à une barre de séparation ; si vous voyez plusieurs programmes avec le même nom, c'est qu'il s'agit des mêmes samples mais avec des effets différents.

Éditer pour mieux contrôler

La partie gauche de la fenêtre est affectée à l'édition des layers (les instruments). On peut charger plusieurs instruments (layers) et ainsi constituer un set de layers. Il suffit pour cela de cliquer sur les lettres A, B, C [...] P soit 16 emplacements où l'on va pouvoir à chaque fois superposer un nombre illimité d'instruments. Seules les ressources de votre ordinateur freineront vos ardeurs. À la manière d'un explorateur de pistes (comme sur Cubase), vous avez la possibilité de modifier le volume, le panoramique, la transposition,

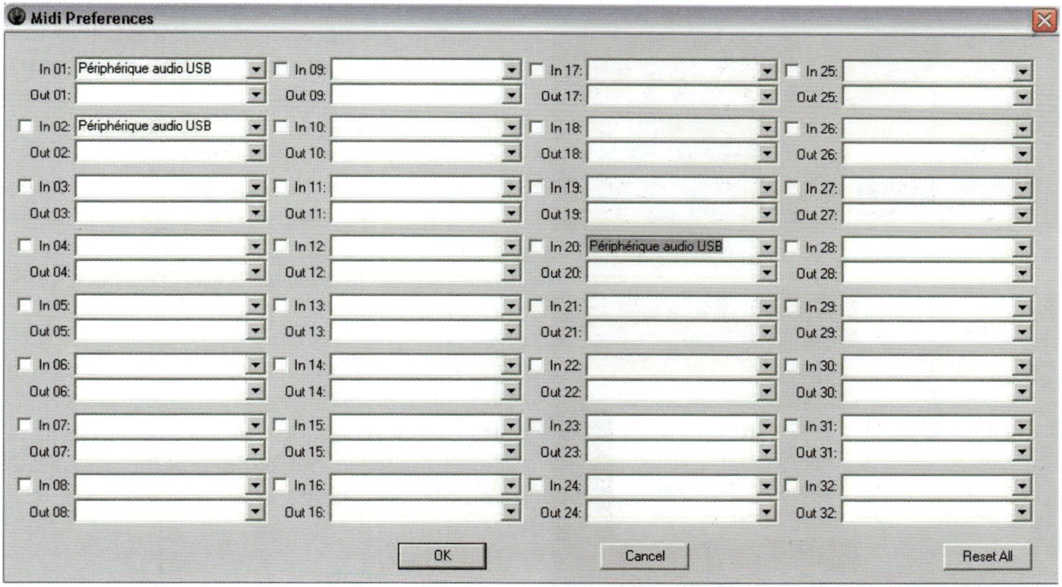

32 canaux MIDI à affecter !

d'activer un filtre pour le Program Change, de modifier la courbe de vélocité… Mais c'est surtout dans la fenêtre de droite que vous allez pouvoir éditer avec précision et efficacité les différents instruments.
Pour ce faire, Yellow Tools vous propose une série de huit onglets.

Baptisé Quick Edit, le premier onglet permet d'accéder aux paramètres fondamentaux d'un preset tels que : Volume, Panoramique, Pitch, Égaliseur, Filtre, Effet (réverb). Une fenêtre Custom Control située au centre permet de sauvegarder 16 contrôles différents (8 boutons et 8 potentiomètres) et de les contrôler avec votre surface de contrôle via la fonction MIDI Learn. Pour info, sachez que la plupart des paramètres du logiciel peuvent être commandés à distance via ce mode MIDI Learn.
Le deuxième onglet Module permet de programmer en profondeur les presets. Différentes actions possibles, on y retrouve les fonctions du mode Quick Edit mais également une enveloppe ADSR, la gestion des contrôleurs (pitch-bend, modulation…),

Un séquenceur 64 pas.

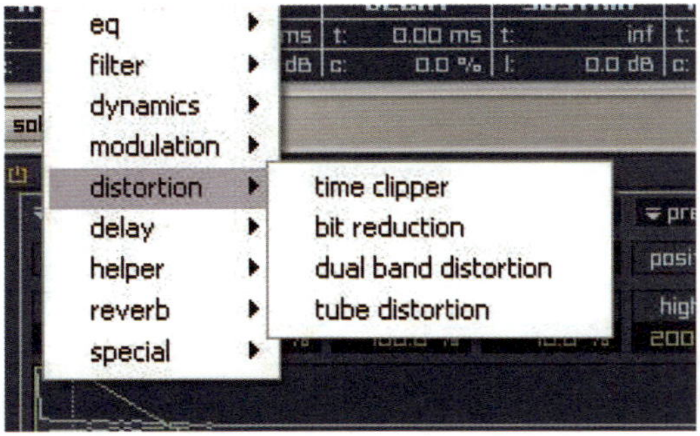

Menu Effets, faites votre choix !

la transposition et même des filtres. Mais le meilleur est juste en dessous avec la possibilité de rajouter une liste quasi infinie de fonctions diverses et variées telles qu'un arpégiateur, un séquenceur 64 pas, un arrangeur.
La partie droite est quant à elle réservée à l'insertion d'effets. Pour ce faire, cliquez sur le bouton Insert FX, cela affichera la barre de gestion des effets. Ensuite, cliquez sur Add Insert FX et faites votre choix parmi les nombreux presets (45). Au menu, Égaliseurs, Filtres, Compresseur, Limiteur, Gate, Chorus, Flanger, Phaser, Vinylizer, Distorsion, Delay, Réverb… la liste est impressionnante. Mais cela ne s'arrête pas là. Dans les menus Special, vous allez pouvoir profiter d'Origami, une réverb à convolution signée Yellow Tools mais aussi de modélisation de préamplis, d'amplis et même de microphones. Un dernier menu baptisé Helper regroupe une série d'outils divers comme un métronome, un inverseur de phase, un accordeur ou encore un générateur de signal (bruit blanc, bruit rose).
Pour offrir un confort total, vous avez enfin la possibilité de créer de véritables chaînes d'effets : il n'y a pas de limite dans le nombre d'effets chargés, mais attention tout de même à ne pas surcharger votre processeur !

Mapping

Comme pour tout bon sampleur qui se respecte, vous allez pouvoir programmer dans la fenêtre Mapping l'agencement des samples sur votre clavier. On retrouve le même type de programmation que sur Kontakt ou encore Short Circuit. En sélectionnant un sample dans la zone de mapping (en bas), vous faites apparaître (en haut) le sample avec sa forme d'onde accompagnée des points de boucles. Sur certains instruments, vous pourrez vérifier que Yellow Tools a bien sélectionné parfois jusqu'à 20 samples différents garantissant ainsi une restitution quasi parfaite de l'instrument en fonction des nuances de jeu (vélocité).
Pour optimiser les techniques de jeu au cla-

L'arrangeur automatique.

La modélisation de micros par Yellow Tools.

vier des différents instruments, Yellow Tools a imaginé une section où vous allez pouvoir sauvegarder vos propres réglages, c'est cette option que vous pourrez utiliser avec l'onglet Performance.

Un mixage au doigt et à l'œil

Ici aussi, Yellow Tools a vu grand. En cliquant sur l'onglet Mixer, vous allez pouvoir ajuster le niveau des différents instruments chargés dans votre logiciel. À la manière d'un séquenceur, vous allez pouvoir insérer des effets (les mêmes que ceux de la section Effets), regrouper des pistes sur des bus auxiliaires, bref, toutes les options nécessaires pour travailler avec le maximum de confort. Sachez que Independence peut router jusqu'à 64 canaux audio (mono et stéréo) vers votre séquenceur et peut gérer 32 canaux MIDI.

Conclusion

Grâce à cette version « free », Yellow Tools propose un sérieux coup de pouce à la démocratisation de la lutherie virtuelle.
Même s'il est impossible de charger de nouveaux samples, on peut se satisfaire des 2 Go déjà proposés Si l'interface semble correspondre à toutes vos attentes et que votre bourse le permet, alors il faudra ouvrir votre porte-monnaie à hauteur de 99 euros pour passer à la version Basic (12 Go de samples) ou pourquoi pas la version Pro (449 euros) avec sa bibliothèque de 70 Go !

PAS À PAS

Composer avec Sequel 2

Après l'arrivée de la version 1, Sequel essaye aujourd'hui de se faire une place de choix sur le marché des séquenceurs de boucles. Il faut dire qu'avec le savoir-faire que Steinberg a acquis avec Cubase, Wavelab, ou encore HALion, il a toutes les chances d'y arriver.

Sequel est fourni avec un stock de 5 000 boucles enregistrées par des producteurs renommés couvrant les styles populaires tels que le hip-hop, le R'n'B, la dance, l'electro, la pop, le métal, les musiques du monde, etc. Près de 600 instruments virtuels sont également proposés, de quoi créer sa propre musique et l'exporter directement vers son baladeur MP3. Pour permettre aux débutants de s'initier rapidement à la création musicale assistée par ordinateur, Steinberg a réussi à faire tenir les nombreuses fonctions de Sequel dans une seule et même page.

Une démo complète

Sequel dispose de son propre site : www.sequel-music.net. Vous y trouverez toutes les informations essentielles ainsi que la démo à télécharger. Aucune procédure d'enregistrement n'est nécessaire (merci Steinberg), il vous suffit de cliquer sur la version adaptée à votre plateforme (Mac ou PC) et d'attendre que les 451 Mo soient rapatriés sur votre ordinateur (le serveur de Steinberg est rapide).

Pour offrir le maximum de confort à tous ceux qui n'ont pas de cartes sons externes, Steinberg a spécialement développé un driver ASIO capable de fonctionner sur n'importe quelle carte son, et ainsi réduire la latence de façon significative.

Enfin, au lancement de Sequel, Steinberg vous informe qu'il s'agit d'une démo et que sa durée d'utilisation est limitée à quinze jours. Cependant, vous avez la possibilité de prolonger cette durée pendant trente jours supplémentaires…

1°] - Découverte

Avant de vous lancer dans la découverte d'un nouveau logiciel, il peut s'avérer très instructif de charger un morceau de démonstration pour vous faire une idée rapide du potentiel du logiciel. C'est en ce sens que Steinberg vous propose, dès le lancement du logiciel, une démo. La fenêtre de Sequel se décompose en deux parties distinctes : une partie supérieure, affichant l'arrangement, et une partie inférieure qui va servir à afficher différentes informations : forme d'ondes, éditeur Pianoroll, insertions des effets, table de mixage, gestion des boucles et même le paramétrage de votre carte son.

2°] - Première création

vAllez dans le second menu en haut à gauche et cliquez sur « Nouveau Projet » ou appuyez simultanément sur les touches Control et N. Il va falloir maintenant faire « vos courses ». Cliquez sur la troisième icône en bas à droite. Vous verrez alors apparaître un explorateur avec des boucles Audio et MIDI classées par catégories, styles et caractères. Le chiffre situé à gauche de chaque nom vous indique le nombre de fichiers que Sequel vous propose. La partie droite de cette même fenêtre permet de visualiser les boucles contenues dans une catégorie.

3°] - Choisir ses premières boucles

Vous allez pouvoir écouter les différentes boucles juste en cliquant dans ce navigateur. Sequel propose à ce stade plusieurs informations : nom, classement, tonalité (Key), tempo, nombre de mesures (longueur) ainsi que les catégories dans lesquelles ont été classées lesdites boucles. Certaines boucles sont plus longues à ouvrir que d'autres. En effet, si vous cliquez sur une boucle MIDI (symbolisée par trois petits segments superposés), Sequel va devoir charger l'instrument virtuel correspondant à cette boucle MIDI. Dès votre premier coup de cœur, glissez/déposez la boucle en question vers la fenêtre d'arrangement (au-dessus).

4°] - Construire son premier arrangement

Après avoir sélectionné plusieurs boucles, il va vous falloir construire votre morceau. Premier réflexe : recopier plusieurs fois ces boucles. Steinberg propose cette opération sans même un clic droit. Il vous suffit de vous placer à la fin d'une boucle et d'attraper la petite flèche puis de la glisser vers la droite (avec le bouton gauche enfoncé). Relâchez quand vous êtes arrivé à la mesure souhaitée. Le déplacement des boucles est également très facile, cliquez sur la boucle avec le bouton gauche et déplacez la boucle à la mesure de votre choix. Pour supprimer une ou plusieurs boucles, sélectionnez puis appuyez sur le bouton Delete de votre clavier.

5°] - Transposer

La transposition apportera des variations et donc de l'intérêt à vos créations. Sequel propose pour cela différents outils. Que ce soit une piste MIDI ou Audio, Sequel opère de la même façon. Sélectionnez une boucle dans la fenêtre arrangement, elle s'affichera ensuite dans la partie inférieure ; remarquez l'icône en forme de marche à côté du cadenas. En modifiant cette valeur, vous allez pouvoir transposer chaque boucle par demi-ton. Attention cependant à ne pas trop vous éloigner de la valeur de départ, surtout pour les pistes audios, cela déformerait la boucle. Vous pouvez également utiliser la piste Transposition générale (en haut).

6°] - Mixer et exporter

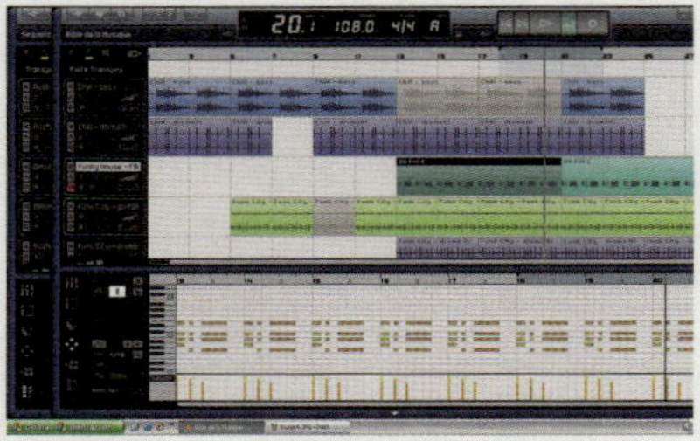

Une fois votre arrangement terminé, vous allez pouvoir mixer l'ensemble avant de passer à la phase ultime d'exportation. Sequel vous propose deux fenêtres de mixage. Situées en bas à gauche, elles sont matérialisées par une ou deux barres verticales. La première vous propose toutes les pistes que vous avez utilisées : il s'agit du mixage général ; la seconde vous permet d'appliquer éventuellement des effets. Une fois que vous avez terminé votre travail, vous pouvez l'enregistrer puis l'exporter pour l'écouter sur votre baladeur MP3. Cliquez pour cela dans le second icône en haut à gauche et cliquez sur « Exporter le projet comme fichier audio ». Choisissez le format (WAV, MP3, OggVorbis…) et validez ! Sequel modélise votre travail, il ne vous reste plus qu'à le récupérer sur votre baladeur MP3 ou sur un CD.Sequel modélise votre travail, il ne vous reste plus qu'à le récupérer sur votre baladeur MP3 ou sur un CD.

Mixer avec Ableton LIVE

Ableton a réussi à placer son unique logiciel un peu partout, il n'est pas rare de retrouver Live dans un bundle logiciels livré avec l'achat d'un clavier ou d'une carte audionumérique (c'est le cas sur les produits M-Audio, Novation…).
Ce succès est sans aucun doute dû à sa grande flexibilité qui lui permet d'être utilisé par de nombreux musiciens tous types de musique confondus.
Si Live est spécialisé dans la lecture de boucle sur scène, il possède de nombreux autres atouts : son routing permet entre autre de réaliser des mixages complexes de différentes façons.

Une table de mixage pour fenêtre principale

Dès le démarrage, Live donne le ton. Il est en effet le seul séquenceur à présenter sa table de mixage comme fenêtre principale. Tous les autres concurrents préfèrent mettre en avant une page arrangement.
Le principe est assez simple. Vous disposez de plusieurs cases par piste (appelé ici Clip). Ces clips peuvent être audio (MP3, WAV…) mais aussi MIDI ; dans ce cas, vous pourrez envoyer ces informations MIDI à un instrument externe (*via* une sortie MIDI) ou directement en interne vers un instrument virtuel. En fonction de la version que vous avez (complète ou LE), vous pourrez créer un nombre de pistes Audio, MIDI et Retour limitées ou illimitées…

1°] - Configuration

Une fois lancé, ouvrez le panneau de configuration situé dans le menu Option puis cliquez sur Préférence. Une succession de huit onglets se présente sur la gauche. Sélectionnez l'onglet Audio. Vérifiez que vous avez un driver ASIO sélectionné. Pour vous assurer que votre carte son est bien reconnue et bien paramétrée, utilisez le générateur de fréquence situé en dessous. Cliquez sur Tonalité de test, vous devriez entendre un son continu.

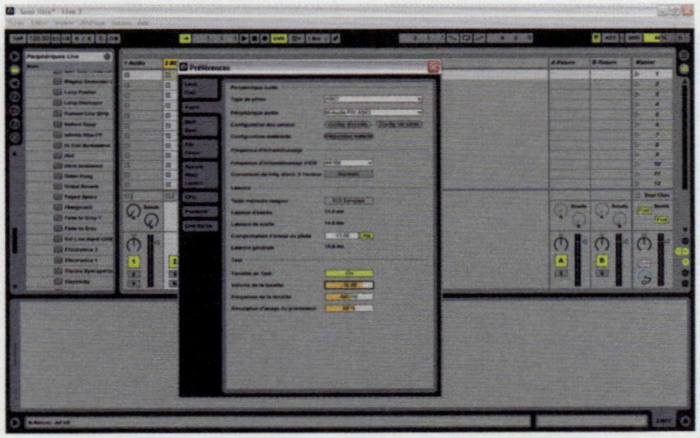

2°] - Placer les titres

Comme de plus en plus de logiciels, vous allez pouvoir charger des fichiers audio (ou MIDI) de deux façons. La première consiste à utiliser le glisser/déposer d'une fenêtre Windows vers Live. Dans ce cas, veillez à placer les fichiers audio dans un clip situé dans une piste Audio et les fichiers MIDI dans un clip d'une piste MIDI. La seconde consiste à utiliser le navigateur situé sur la partie gauche de la fenêtre.
Live propose trois accès à partir de vos documents. En cliquant sur un des trois dossiers, vous pourrez naviguer sur votre disque dur et rechercher vos fichiers audios. Pour plus de rapidité, Live gardera en mémoire les trois derniers dossiers ouverts.

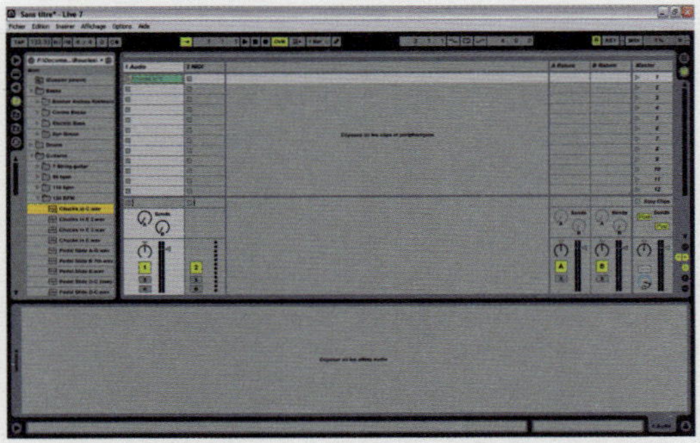

3°] - Comment optimiser le placement des fichiers audio

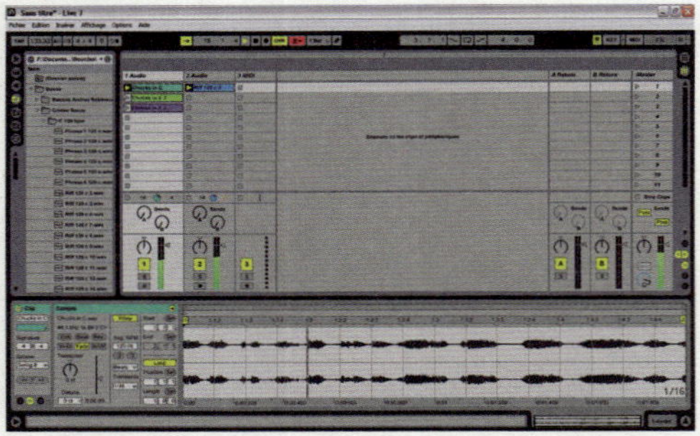

Deux cas de figure sont possibles. Le premier consiste à placer différents fichiers sur une même piste audio. Dans ce cas, vous ne pourrez lire deux fichiers audio simultanément, mais vous pourrez par contre créer des enchaînements automatiques de fichiers puisque que dans cette configuration Live arrête un clip lorsque vous démarrez un autre clip. Le changement peut se faire en rythme (en suivant l'horloge MIDI). La deuxième solution consiste à placer les différents fichiers sur des pistes différentes : dans ce cas, vous disposez d'un mixage différent mais pas d'enchaînements automatiques.

4°] - Prendre le contrôle des fadeurs

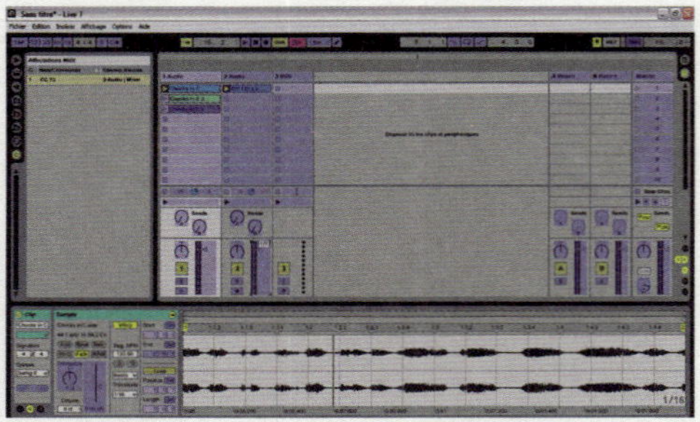

Chaque tranche (partie verticale) possède dans sa partie inférieure un curseur pour ajuster le niveau sonore. Le contrôle de ce fadeur se fait à la souris, mais si vous avez un clavier avec un ou plusieurs fadeurs, vous allez pouvoir assigner vos contrôleurs à ces fadeurs. Pour cela, cliquez sur l'icône MIDI placée en haut à droite. À ce moment, un ensemble de fonctions passe en bleu ; cliquez ensuite sur les curseurs que vous souhaitez piloter puis bougez votre fadeur (celui de votre clavier maître), Live reconnaîtra automatiquement le contrôleur (grâce au mode MIDI Learn). Si Live ne reconnaît pas votre contrôleur, vérifiez dans le menu Préférence/ MIDI que votre clavier (ou votre surface de contrôle) est bien reconnu dans la liste MIDI Port et que la fonction « Télec » est bien sûr « On ».

5°] - Utiliser les bus Auxiliaires !

Souvent inutilisés, les bus Auxiliaires sont pourtant un outil très appréciable. C'est d'autant plus vrai avec Live. En effet, il propose par défaut deux pistes Auxiliaires. Reconnaissables à leurs dénominations A et B et leurs emplacements (à côté du bus Master), vous allez pouvoir envoyer un même son sur différentes pistes retour puis charger des effets. Vous pourrez ajuster la quantité de son envoyé sur les différentes pistes de retour en réglant le potentiomètre A et/ou B situé dans la fenêtre Sends. Si cette fenêtre n'est pas visible, assurez-vous que l'icône « s » placé à l'extrême droite (juste à côté du volume général) est bien activée.

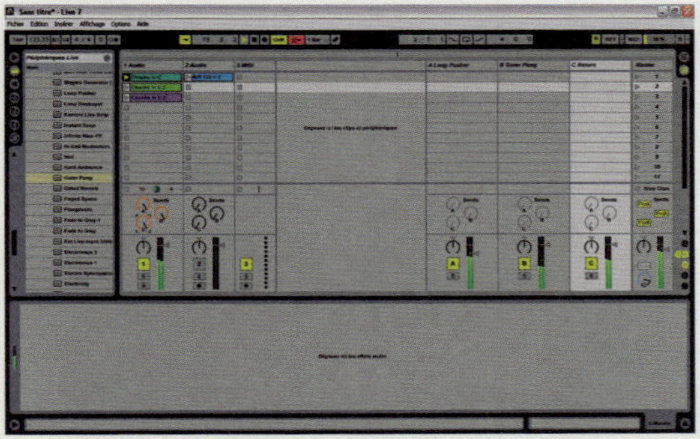

6°] - L'automation

Vous pouvez également enregistrer les mouvements de fadeurs les uns après les autres ou ensemble (si vous avez plusieurs contrôleurs). C'est enfantin, il suffit de cliquer sur l'icône « Rec » (le rond situé dans la barre de transport) puis de lancer la lecture en cliquant sur la barre d'espace, à vous de faire vos réglages. Lorsque vous stoppez la lecture, toutes les fonctions qui auront été modifiées seront marquées d'un point rouge. Vous pouvez, si vous le souhaitez, recommencer (ce qui effacera les enregistrements de l'automation) ou mieux, éditer cette automation graphiquement en passant en mode Arrangement. Dans ce cas, appuyez sur la touche de tabulation de votre clavier et cliquez sur le triangle placé à côté du nom de la piste, sélectionnez enfin le contrôleur que vous souhaitez modifier.

Magix Music Maker 2008

Depuis la version 2008 *(voir notre test dans le numéro 24)*, Music Maker profite de nombreuses améliorations qui le propulsent parmi les logiciels semi-professionnels. Ce qui ne l'empêche pas de garder des options telles qu'un assistant de création de chansons. En cliquant sur l'icône matérialisée par les deux croches, vous ouvrez le Song Maker. En cinq étapes, Magix se propose de vous guider dans la création d'un titre. Les propositions commencent par le choix d'un type de musique suivi par une sélection d'instruments à cocher (drums, bass, guitar...). Vient ensuite la longueur du titre. En cliquant sur l'option Créer un nouvel arrangement, Music Maker assemble en un temps record les différentes pistes en prenant soin de transposer les boucles lors des différentes modulations. Le résultat est très intéressant, voire bluffant mais votre créativité en prend un bon coup.

Avec un peu d'imagination

Heureusement, il s'agit d'une option annexe de Music Maker. Même si elle peut vous aider à comprendre comment on peut construire une chanson, on va voir que nous pouvons créer un titre de A à Z sans pour autant plonger dans le mode d'emploi.
Pour cela, nous allons pouvoir profiter de l'énorme potentiel de Music Maker avec ses 64 pistes, ses instruments virtuels, ses effets et sa bibliothèque de samples en tout genre. Moteur !

1°] - Où sont les sons ?

Music Maker vous propose, dans la partie inférieure de la fenêtre, un gestionnaire de médias. Quatre onglets vous permettent de passer de l'explorateur de fichiers au Soundpool (où sont placées les boucles) puis au Synthétiseur (les instruments virtuels) avant de terminer par l'onglet Modèles (effets audio et même vidéo). Commençons par aller dans le répertoire Soundpool et sélectionnons une première boucle de batterie. Un simple clic sur les différentes boucles vous permet de les écouter sans les charger dans la fenêtre Arrangement. Les chiffres situés à votre droite vous permettent de transposer. Une fois que vous avez trouvé votre bonheur, faites un double-clic droit ou glissez déposez le fichier dans la fenêtre Arrangement.

2°] - Organiser les boucles sur la fenêtre Arrangement

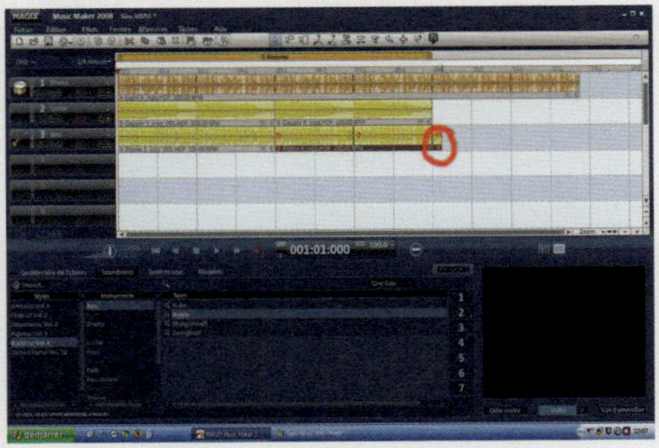

Une fois les boucles placées sur la fenêtre, on pourra les recopier facilement avec la souris (sans passer par un menu s'il vous plaît) en attrapant l'icône en forme de flèche située en bas à droite de la boucle et en la déplaçant vers la droite jusqu'à la mesure de votre choix. Music Maker recopie alors automatiquement la boucle. Vous pouvez transposer la boucle directement dans la fenêtre de sélection des samples mais attention, il faudra réinsérer la boucle si vous souhaitez la réutiliser avec une autre transposition. En effet, si vous avez recopié la boucle, la transposition sera également recopiée.

3°) - Sélection d'un instrument MIDI

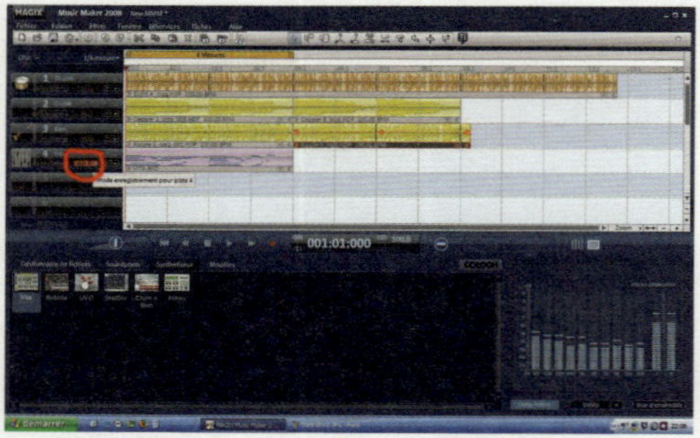

L'option suivante, si vous savez jouer du clavier et que vous disposez d'un clavier MIDI, consiste à charger un instrument virtuel pour programmer vos parties de clavier (ou celles d'un autre instrument). Pour ce faire, cliquez sur l'onglet Synthétiseur et faites votre choix parmi les instruments proposés. Sélectionnez ensuite l'instrument en double-cliquant ou avec un glisser-déposer. Nous allons ici charger le lecteur d'échantillons Vita pour jouer avec un son de piano électrique. Il faut impérativement cliquer sur le bouton Rec situé sur la piste pour faire apparaître MIDI Rec et jouer avec votre clavier.

4°) - Enregistrement et édition d'une partie clavier

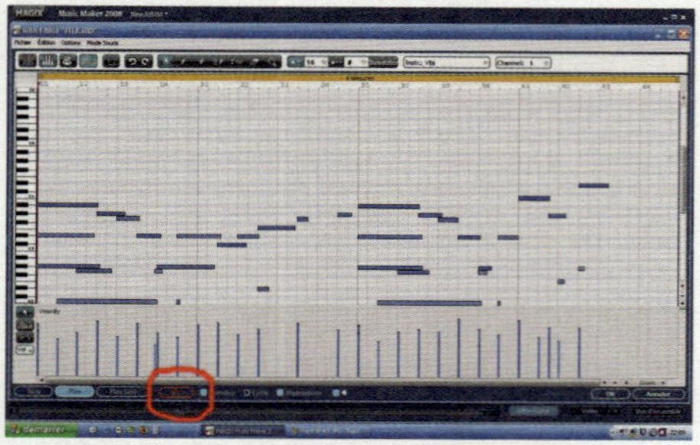

Pour enregistrer, cliquez sur le bouton Rec (au centre de la fenêtre) : une nouvelle fenêtre de type Piano Roll apparaît. Cliquez sur le nouveau bouton Rec et laissez-vous porter par le groove de votre première création. Une fois cela terminé, vous verrez apparaître les notes sur la grille rythmique et pourrez alors constater que, comme par magie, toutes les notes sont placées sur la grille ! En effet, Music Maker 2008 enregistre par défaut votre jeu en mode quantification. À vous d'ajuster cette quantification en fonction de votre jeu (ternaire, à la triple croche). Pour vous aider à jouer sur les boucles audio, Music Maker dispose d'un module d'harmonisation hors du commun qui analyse les boucles audio en vous affichant la grille harmonique (clavier mais aussi guitare).

5°] - Ajouter des effets

Après avoir assemblé différentes parties audio et MIDI, il va être temps de préparer le mix. Pour donner un peu de relief aux différentes sonorités, Music Maker dispose d'une batterie d'effets. Pour affecter un effet à une piste, il suffit de faire un clic droit et de choisir directement l'effet que vous souhaitez, ou de sélectionner le présentoir d'effets audio. Vous pourrez ainsi écouter les différents attraits des effets en sélectionnant pour chacun d'entre eux une série de presets. Les effets peuvent également être appelés directement par une liste de presets affichés par famille d'instruments ; vous trouverez cette liste sur la fenêtre de la piste, à droite du bouton Rec.

6°] - Mixage final et export

Pour passer à la phase mixage, vous devrez utiliser la table de mixage de Music Maker en appuyant sur la touche M. C'est ici que vous allez ajuster les niveaux et, si le besoin s'en fait sentir, ajouter de nouveaux effets en cliquant soit sur le bouton FX en haut ou en insérant des effets vintages en cliquant sur les espaces vides situés au-dessus des indicateurs FX1 et FX2. Une fois votre mix prêt, il ne vous reste plus qu'à exporter votre projet en sélectionnant, dans la colonne Fichier, le menu Exporter arrangement. Vous pourrez alors exporter votre composition en WAV mais aussi en MP3, en OGG Vorbis, en AIFF ou même au format Windows Media Audio. Une dernière fenêtre vous demandera enfin de choisir le taux de compression si vous avez choisi un format compressé.

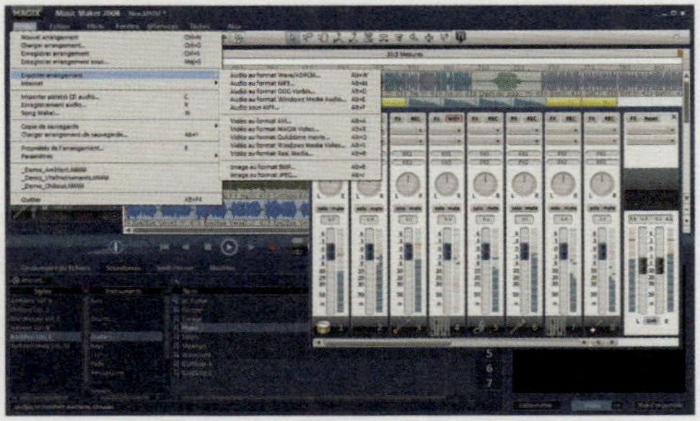

Steinberg Cubase 4

Pour éviter de surcharger votre mix et pour soulager votre ordinateur, nous allons voir que nous pouvons regrouper le son de différentes prises réparties sur plusieurs pistes vers une seule et même piste Groupe, à laquelle nous pourrons assigner un ou plusieurs traitements.
On retrouve ces pistes Groupe sur les consoles de studio et de scène : elles permettent de réaliser des prémixs en regroupant plusieurs voix sur une seule. Cette configuration est très pratique (voire indispensable) pour gérer une section de cuivres ou par exemple, une batterie.
Que ce soit avec une voix, une ligne de basse ou tout instrument nécessitant une suite d'interventions en vue d'optimiser vos différentes prises, nous allons regrouper les signaux de ces pistes dans un bus indépendant pour traiter le tout avec simplicité et efficacité.

Action

À titre d'exemple, nous allons essayer de traiter un ensemble de pistes correspondant à une prise de voix. Le chanteur a dû recommencer plusieurs fois sa partie et maintenant, il désire écouter les différentes prises et faire ainsi une sélection. À ce stade, il est impératif d'avoir, pour les différents effets de dynamique, les mêmes réglages. Pour la voix, on aura choisi une série de traitements tels qu'un compresseur, un égaliseur et une réverb.
Avec l'utilisation d'une piste Groupe, on va pouvoir répondre à sa demande et ainsi, profiter d'un outil quasi incontournable dès lors que l'on a goûté à ses vertus.

1°] - Créer une piste Groupe

Afin de chaîner les différents effets dans une seule et même piste, nous allons commencer par créer une piste Groupe. Placez, pour cela, votre souris dans la colonne des pistes et faites un clic droit puis choisissez la fonction Ajouter une piste Groupe. Une fenêtre s'ouvre et vous demande de choisir la configuration de cette piste (stéréo, mono, LRCS, 5.1...), Cliquez sur Stéréo afin de pouvoir utiliser des effets stéréo (pour les réverbs, c'est quand même préférable). Vous voici donc désormais avec une piste Groupe reconnaissable à sa couleur bleu-gris. Double-cliquez sur le nom Group 1 pour renommer la piste en Multieffet.

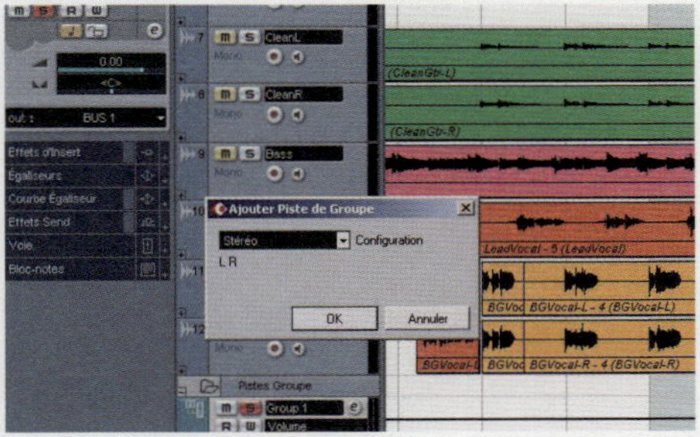

2°] - Enchaînons les plugs-in

Maintenant, nous allons assembler sur notre piste Groupe différents effets. Cliquez sur le bouton E pour ouvrir la fenêtre d'édition des paramètres de la piste. Vous trouverez ce bouton soit dans la colonne des pistes, soit directement sur la table de mixage ou encore dans la colonne d'info située à gauche. Profitons de cet exercice pour apprendre à optimiser une prise de voix. Commençons par charger un compresseur. Dans cet exemple, nous allons utiliser l'excellent compresseur gratuit Blockfish. Vous le trouverez à cette adresse : www.digitalfishphones.com. Ajustons les différents paramètres pour améliorer le rendement de la prise de voix.

3°) – Un égaliseur...

Autre outil fort intéressant, l'égaliseur. Nous pourrions également utiliser un plug-in externe mais nous allons nous contenter de l'égaliseur intégré de Cubase. Son utilisation est très simple, placez votre souris sur la fenêtre graphique de l'égaliseur et cliquez pour créer une courbe correspondant à vos besoins en boostant ou diminuant telle ou telle bande de fréquences. Pour un réglage plus précis, ajustez les paramètres avec les différents boutons situés en dessous. L'égaliseur de Cubase propose 4 bandes. Pour plus de bandes, il faudra charger un autre plug-in d'égalisation.

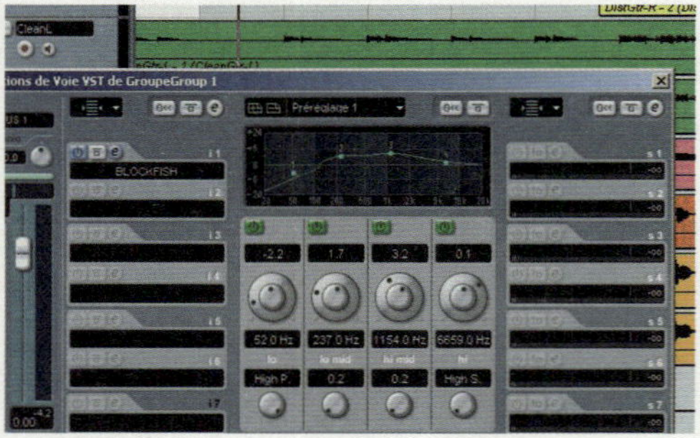

4°) – ...et puis une réverb

Enfin, nous allons ajouter une réverb. Encore une fois, nous allons utiliser un freeware. Nous vous conseillons la magnifique réverb à convolution SIR. Vous la trouverez sur le site www.knufinke.de/sir. Ces réverbs utilisant la technique dite de convolution sont plus gourmandes en ressources CPU mais le rendu est nettement plus réaliste. Une fois téléchargée, pensez à la placer dans le dossier Plugs-in de Cubase. Pour avoir des presets supplémentaires, téléchargez dans la rubrique Download les nombreuses empreintes sonores.

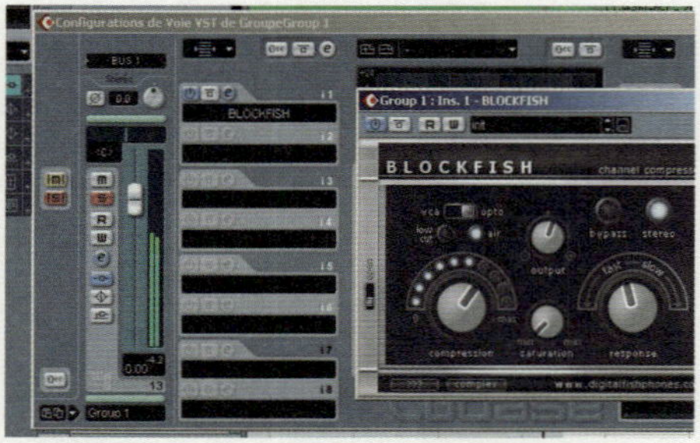

5°] - Changer de bus

Nous voilà enfin prêt pour envoyer la ou les différentes pistes sur lesquelles a été enregistrée la voix vers cette nouvelle piste Groupe. Pour cela, il faut tout d'abord ouvrir la fenêtre de Configuration de voie VST audio et affecter le nouveau « bus » Groupe que nous venons de créer. Cliquez en haut à gauche sur l'indication Bus 1, vous devriez voir apparaître une liste de bus (cela dépend de votre carte son) dont notre bus Groupe rebaptisé Multieffet. Répétez cette opération sur toutes les pistes que vous souhaitez router vers la nouvelle piste Groupe Multieffet.

6°] - Vérification

Voilà, l'opération est terminée. À partir de maintenant, vous allez pouvoir contrôler le volume de toutes ces pistes dans une seule et même piste. Appuyez sur la touche de lecture de Cubase et modifiez la valeur du fadeur de votre nouvelle piste Multieffet. Cela fonctionne ! Vous pourrez par la même occasion utiliser l'automation pour gérer dans le temps des variations de niveau. Vous voilà maintenant paré pour affronter des mix plus complets !

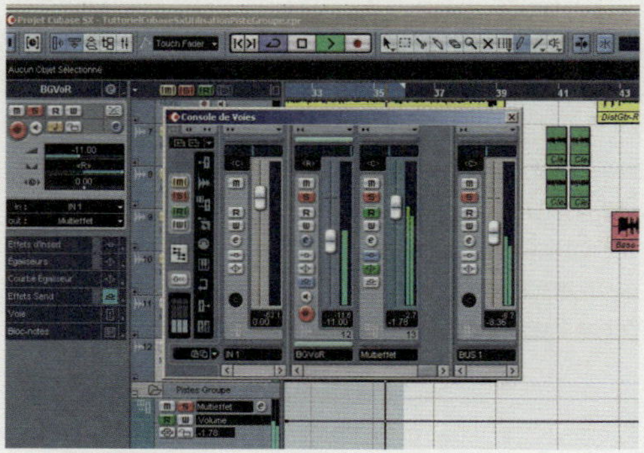

Enregistrer avec Audacity

Audacity est sans aucun doute le logiciel d'édition audio le plus répandu. Il faut dire que Microsoft ne propose pas grand-chose avec Windows, alors quand un freeware développé en open source fait son apparition, il a toutes les chances pour s'imposer sur les ordinateurs de ceux qui souhaitent s'initier sans s'engager financièrement, idem pour les collectivités territoriales telles que les écoles primaires, les collèges, les espaces multimédia…

Conçu par un ingénieur de la NASA, Audacity séduit également par sa simplicité d'utilisation (puisqu'aucun paramétrage audio n'est nécessaire) et une interface claire, intuitive et dans la langue de Molière s'il vous plaît. Pour les très grands débutants, choisissez les options d'aide qui vous sont proposées à chaque démarrage du logiciel. Audacity est compatible avec les systèmes Windows 98/ME/2000/XP et Vista (il existe également des versions Linux et Mac OS). Enfin, les exigences en terme de puissance sont très faibles puisqu'un simple ordinateur avec 128 MB de RAM et un processeur cadencé à 500 MHz fera l'affaire.

Un logiciel qui évolue

Une vingtaine de développeurs continue de perfectionner Audacity. La version actuellement proposée est la 1.2.6 mais une version beta (1.3.6) est également disponible sur le site d'Audacity, http://audacity.sourceforge.net, une nouvelle version qui dispose enfin d'une fonction permettant de déplacer sur une même piste une partie sans pour autant déplacer une autre partie ; c'était un des gros points noirs d'Audacity, c'est désormais corrigé !

1°] Premier enregistrement !

C'est sans aucun doute la fonction la plus intéressante d'Audacity. En effet, il suffit de démarrer le programme et d'appuyer sur le gros bouton rouge pour enregistrer ! La sélection des entrées audio (la carte son) est accessible en cliquant sur l'onglet Édition puis dans le menu « Préférence », ne cherchez pas de driver ASIO, Audacity ne les prend pas en charge, seuls les drivers MME (Windows) sont affichés. Pour obtenir un enregistrement de qualité, pensez à vérifier votre niveau d'enregistrement grâce au fadeur présent en haut à droite, il est reconnaissable à sa forme de micro. Pour que votre enregistrement soit exploitable, vous devez vérifier que les deux vumètres s'approchent de la valeur 1.0 sans jamais l'atteindre (jamais de saturation en numérique).

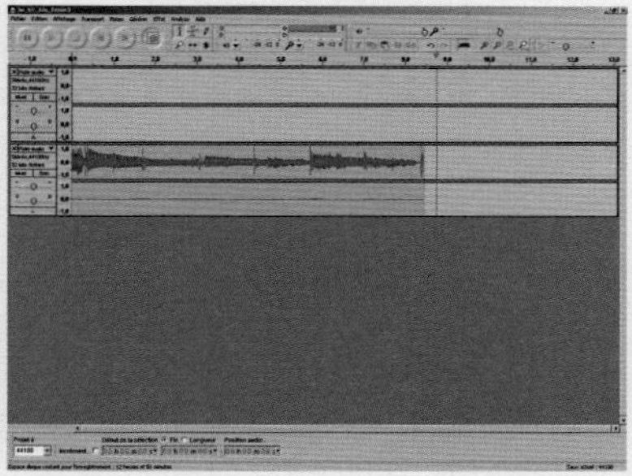

2°] Rajouter des pistes supplémentaires

Lorsque vous avez terminé votre premier enregistrement, vous allez pouvoir enregistrer une nouvelle piste tout en écoutant la première et ainsi de suite... une fonction loin d'être sans intérêt. Audacity se comporte donc comme un véritable magnétophone multipiste. Pour optimiser vos nouveaux enregistrements, vous pouvez ajuster le niveau de lecture des autres pistes grâce à la présence d'un fadeur (du – vers le +). Pour enregistrer, inutile d'ajouter une nouvelle piste, Audacity le fera pour vous dès que vous aurez enclenché l'enregistrement. Vous pourrez éventuellement perfectionner le niveau de votre piste en utilisant la fonction Normaliser.

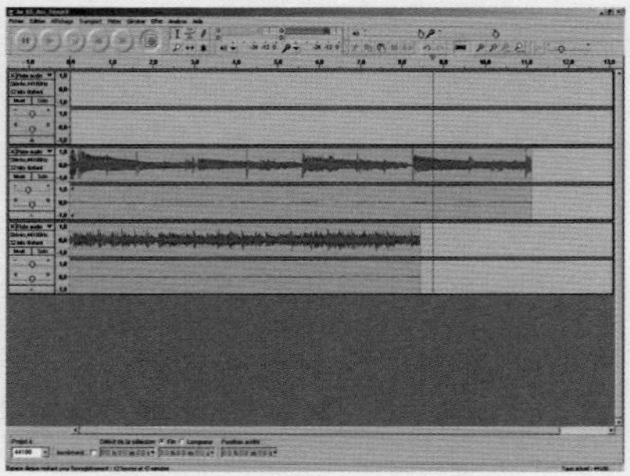

3°) Un peu de montage pour affiner l'ensemble

Audacity propose des fonctions de montage : vous disposez pour cela d'une trousse avec six outils située juste à côté de l'icône d'enregistrement. C'est l'outil de sélection qui est activé par défaut mais si vous cliquez sur l'outil en forme de double-flèche, vous allez pouvoir déplacer vos enregistrements sur la grille temporelle. Effacez une partie d'un enregistrement en sélectionnant la partie à supprimer et appuyez sur la touche Delete de votre clavier (ou en utilisant la fonction Effacer dans le menu Édition). Profitez-en pour essayer les autres fonctions de ce menu tel que « Silence Audio » (faire du silence), le copier/coller ou encore la nouvelle fonction, « Scinder », qui permet de séparer une prise en plusieurs parties, un plus de la nouvelle version.

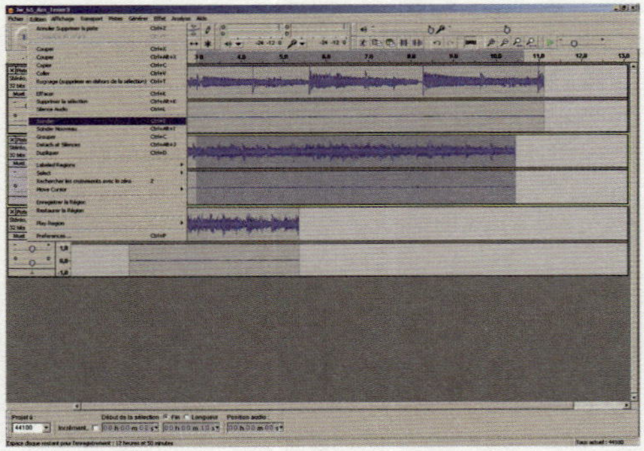

4°) Nouvelle sélection et lecture en boucle

On peut, avec Audacity, lire un projet en boucle. Avant toute chose, il faut sélectionner une zone, la dernière mise à jour permet de réaliser une simple sélection avec la souris directement dans la zone où sont affichées les références temporelles. Vous cliquez avec le bouton gauche, vous maintenez le bouton enfoncé puis vous vous déplacez vers la droite ; dès que vous relachez le bouton, la lecture se fait automatiquement (bien vu). Pour la lecture en boucle, vous appuyez sur une des deux touches Shift de votre ordinateur, l'icône de lecture (le triangle vert) change alors de forme, il vous suffit d'enclencher la lecture pour qu'Audacity interprète votre sélection en boucle.

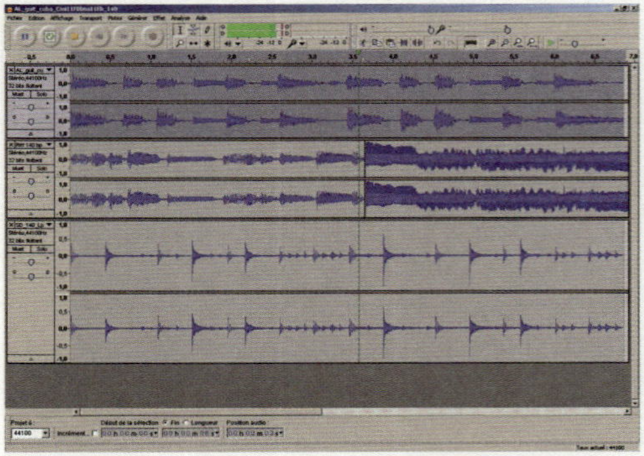

5°) Ajouter des effets

Audacity propose une série d'effets variés : reverb, écho, compresseur, normalisation, filtres, égalisations, changement du tempo, transposition…
Pour pouvoir les utiliser, il est impératif de sélectionner dans un premier temps une zone sur une piste avec votre souris. Puis faites votre choix dans le menu « Effet ». Attention, les effets ne sont pas ici « en temps réel », il faut donc préparer ses réglages puis demander à Audacity de faire les calculs. Si le résultat n'est pas celui que vous attendez, faites un Ctrl Z (ou utilisez la flèche d'undo) puis changez vos réglages. Il faut reconnaître que d'un point de vue graphique, ce n'est pas des plus aboutis, mais Audacity est un freeware, il ne faudrait pas l'oublier.

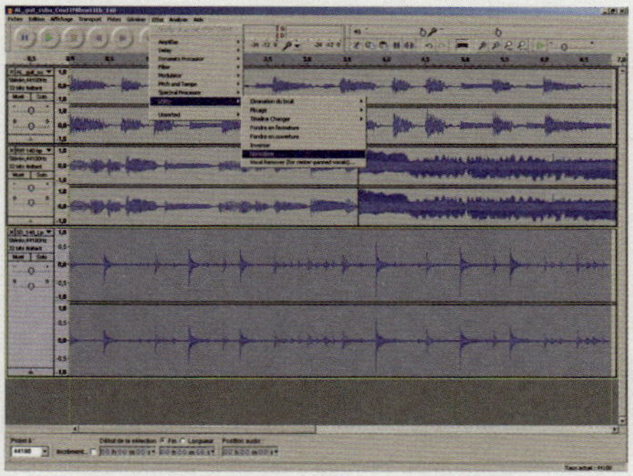

6°) Ajouter des fonctions supplémentaires à Audacity !

Par défaut, Audacity ne lit pas les fichiers audio au format MP3. Rassurez-vous, on peut corriger le tir en téléchargeant le codec qui permettra d'utiliser le célèbre format audio. Le MP3 n'est pas intégré par défaut pour des raisons de licence, mais Audacity vous propose de faire l'opération lui-même, il suffit de suivre les opérations losque vous glissez pour la première fois un fichier MP3 dans la fenêtre d'arrangement. Côté effets, vous pouvez également installer les modules LADSPA et VST qui permettent d'ajouter des plugs-in dans ces deux formats. Vous trouverez les deux modules sur le site d'Audacity. À vous de jouer !

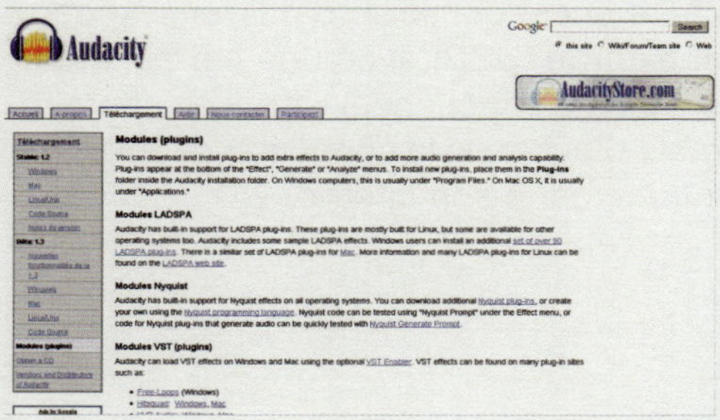

Transformer son PC en ampli guitare !

Si vous avez toujours rêvé de jouer « à fond les gamelles » avec des sons clairs ou hyper saturés, mais que votre voisinage vous empêche de prendre votre pied, alors réjouissez-vous, car vous pouvez désormais jouer de la guitare électrique avec votre casque sur les oreilles directement branché sur votre ordinateur.
Le principe est assez simple, il suffit de brancher votre guitare sur votre ordinateur. Pour se faire, il est conseillé d'utiliser une carte son externe (USB) avec une entrée instrument (haute impédance) – il est en effet préférable d'éviter de la connecter directement sur votre carte son interne.

Les modélisations d'amplis

Les premiers effets recréant, via un plug-in, les sonorités d'amplis sont arrivées il y a déjà quelques années, mais aujourd'hui de nouveaux freewares se proposent de vous offrir une qualité sonore qui s'approche de très près des solutions professionnelles. C'est le cas de FreeAmp, une modélisation d'amplis de guitare très réussie et qui dispose en plus d'une interface graphique plutôt soignée. Vous pouvez télécharger FreeAmp sur le site http://frettedsynth.home.att.net. Pour fonctionner, il vous faudra passer par un logiciel hôte puisque la version 3 de FreeAmp fonctionne en tant que plug-in VST, peut-être une version StandAlone pour la version 4…

1°) Installation

Comme pour tous les plugs-in VST qui ne possèdent pas d'installation via un programme du type xxxx.exe, il va falloir copier le plug-in (matérialisé par un fichier du type xxxx.dll) dans votre répertoire de plugs-in. Après avoir téléchargé FreeAmp, décompressez le fichier Zip et placez le fichier FA3Full.dll dans le répertoire suivant : C:\Program Files\Steinberg\Vstplugins. Il s'agit du dossier de stockage des plugs-in VST par défaut, mais vous pouvez très bien le placer ailleurs – il ne faudra cependant pas oublier de le spécifier dans Reaper ou dans un autre logiciel hôte.

2°) Connecter sa guitare sur Reaper

Branchez votre guitare sur votre carte son et lancez Reaper. Cliquez avec le bouton droit sur l'espace situé à gauche et sélectionnez « Insert new track », puis cliquez sur le bouton R et jouez sur votre guitare : vous devriez voir moduler le vumètre du témoin d'entrée. Si ce n'est pas le cas, cliquez sur la petite flèche et sélectionnez l'entrée de votre carte son. Cliquez ensuite sur le bouton en forme de haut-parleur situé à côté de l'icône In, c'est le monitoring direct. Vous devez maintenant entendre le son de votre guitare.

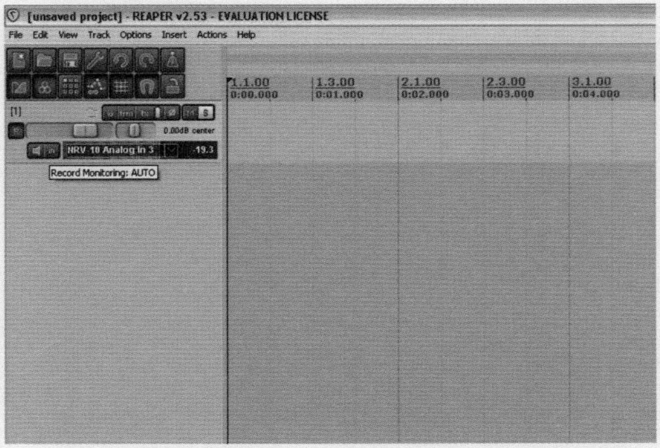

3°) Charger FreeAmp

Pour charger un effet sur une piste avec Reaper, il suffit de cliquer sur le bouton « fx ». Si vous avez correctement placé le fichier dans le bon dossier, vous devez voir apparaître dans la liste de vos plugs-in le plug-in FA3 Full (Fretted Synth). Sélectionnez-le. Vous devez à ce stade voir apparaître FreeAmp et surtout entendre le son de la modélisation d'ampli. Le preset par défaut est baptisé –Clean--. Pour vous faire une idée du potentiel sonore du plug-in, cliquez sur le nom du preset, vous ouvrez alors un menu déroulant avec une belle surprise à la clé ! En effet, FreeAmp est livré avec 100 presets. Ne vous privez pas de faire le tour des différents presets.

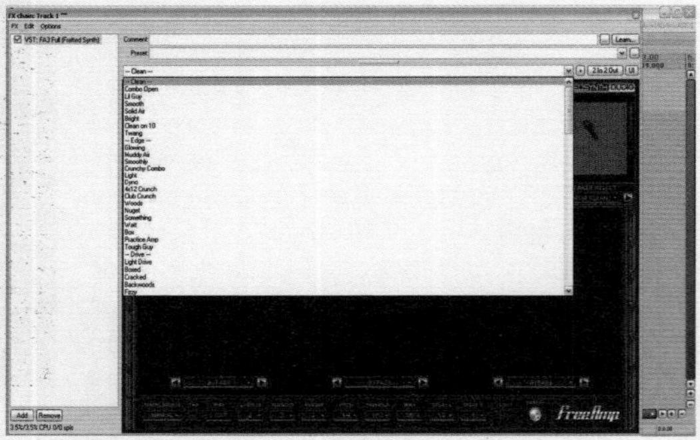

4°) Une multitude de combinaisons

Pour répondre à un large public, FreeAmp dispose d'un véritable arsenal. Au menu : 5 amplis clairs, 19 amplis saturés (avec un switch pour passer en son clair), 5 égaliseurs, 2 amplis de puissance, 17 haut-parleurs (dont 4 pour basse), 3 slots d'effets pré et post-amplification avec en sortie finale un noise gate et un limiteur. Chaque module s'active ou se désactive avec différents switch On/Off.

5°] Une interface modulable

En fonction de vos envies et de vos habitudes, vous pouvez afficher les effets de deux manières. Le premier type d'affichage est baptisé Rack, il présente les effets sous forme de racks horizontaux ; le second propose des pédales – pour passer de l'une à l'autre, il suffit de cliquer sur le panneau Panel (en haut à droite). Vous pouvez également, en haut à droite, déplacer virtuellement le micro, ce qui permet de modifier le son comme sur un vrai ampli avec un vrai micro.

6°] Un tempo à vos ordres

Avec une guitare, la gestion du tempo est très importante pour les effets de type délai. Encore une fois, pour répondre à l'attente des utilisateurs, le développeur de FreeAmp propose, en bas de son plug-in, un ensemble de fonctions : contrôler le tempo en interne avec Manual (vous décidez vous-même du tempo), le synchroniser au tempo du logiciel hôte (Host) ou enfin donner vous-même le tempo grâce au mode Tap tempo. Pour ce dernier, il faudra assigner une pédale pour donner le tempo, fonction rendue possible grâce à la totale assignation MIDI des différentes fonctions de FreeAmp : que du bonheur !

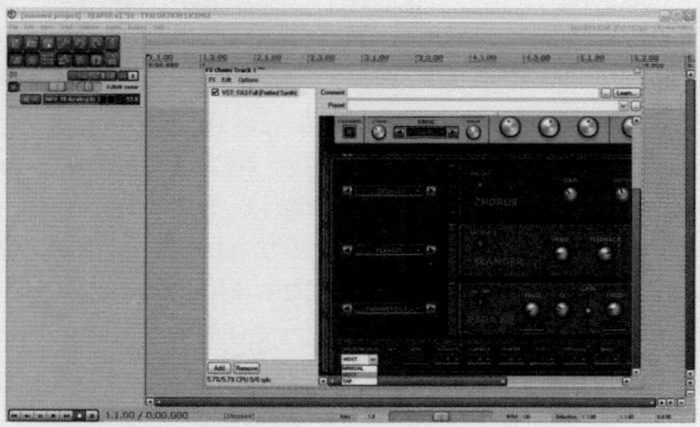

Lire avec Beatport Sync

Native Instruments (NI) a su en presque dix années s'imposer comme un des principaux éditeurs d'instruments virtuels de la planète. Aussi bien destiné aux compositeurs, sound designers, producteurs qu'aux Dj's, NI propose toute une série de logiciels : Kontakt, Guitar Rig, Traktor DJ, Absynth, Massive, Reaktor... Tous ces outils sont aujourd'hui des incontournables de la scène musicale. Avec Beatport, on retrouve une ergonomie qui a fait le succès de NI. Autre atout pour ce player particulier, sa possibilité d'utiliser un driver ASIO, ce qui va permettre à de nombreux musiciens d'utiliser leurs cartes audionumériques pour écouter leurs musiques. Un plus qui n'avait jusqu'ici jamais été comblé.

Double Player

Comme vous avez dû le remarquer, Beatport Sync est plus qu'un simple player, il permet en effet de jouer deux musiques simultanément. Native Instruments a profité de son expérience avec Traktor DJ pour proposer une interface qui a déjà fait ses preuves. Grâce aux deux platines A et B, vous allez pouvoir mixer vos titres et même réaliser des enchaînements grâce à la synchronisation des tempos. En effet, Beatport Sync est capable de détecter automatiquement les tempos à l'aide du crossfadeur situé en haut au milieu ; vous allez pouvoir passer d'une platine à l'autre en toute simplicité.

1°] - Installation et démarrage

Au premier démarrage, BeatPort Sync vous demande de paramétrer le logiciel. Le menu Préférence se décompose en quatre onglets : le paramétrage de la carte son (driver, latence et fréquence), la désactivation du timestretching lorsque l'on utilise le pitch ainsi que le réglage de la vitesse de curseur CrossFade, le menu Browser permettant de configurer les chemins des différents médias et enfin Apparence qui permet de définir le réglage de quelques paramètres visuels. Vous aurez la possibilité de revenir sur ce menu Préférence en allant dans le menu File.

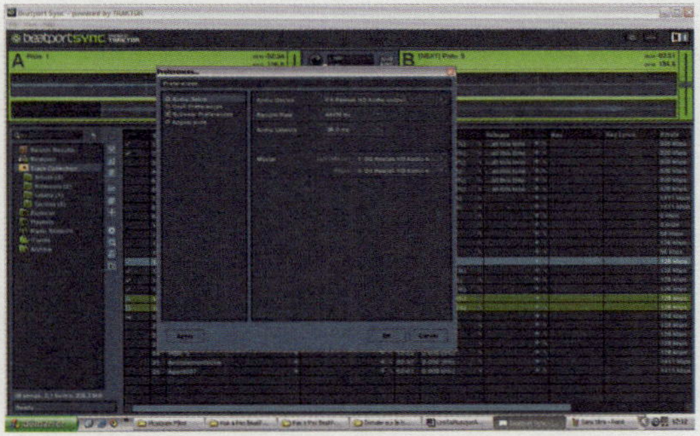

2°] - Charger de nouveaux titres

Après avoir configuré le logiciel, vous allez pouvoir lire vos premiers titres. Si la partie supérieure est destinée à afficher les deux platines, la partie inférieure se décompose en deux parties : un navigateur à gauche et une fenêtre d'affichage des fichiers sur la droite. Vous pouvez classer les différents fichiers en sélectionnant en haut de cette page un des nombreux tags possibles : Numéro, Titre, Artist, Album, Labels… mais aussi des données techniques comme le tempo (BPM), la durée, la tonalité, le taux de compression… ou encore des notes personnelles (info mais aussi note sur 5). En faisant un clic droit sur cette fenêtre, vous pourrez choisir les champs que vous souhaitez voir affichés à l'écran.

3°) - Gestion des tags

BeatPort Sync propose une gestion de tag très complète. Pour y accéder, il suffit de cliquer sur la première icône située dans la barre d'outils (entre le navigateur et la fenêtre d'affichage) des fichiers. On la reconnaît à sa forme matérialisant un marteau et une pince. L'affectation des tags est très simple : si le fichier n'a pas de tag, il suffit de saisir vos informations et même d'en rajouter. Pour certains champs, on pourra ouvrir un menu déroulant et choisir dans une liste ; c'est valable pour les albums, l'artiste, le label ou encore le genre. Une fois vos tags saisis, cliquez sur l'icône de validation située à la place de l'icône d'édition des tags.

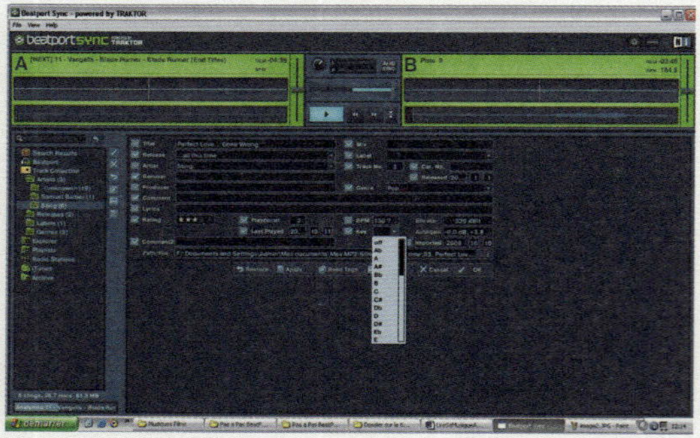

4°) - Création de playlists

Comme avec tout player, vous allez pouvoir créer vos propres Playlists. BeatPort Sync est capable de lire de très nombreux fichiers audio : MP3, MP4, WAV, AIFF, Audio-CD, FLAC, Ogg Vorbis, non-DRM WMA et AAC. Ce qui permet de créer des playlists avec des formats audio très différents. Cliquez sur l'icône + dans la barre des outils et nommez votre nouvelle playlist. Il suffit ensuite de naviguer d'un dossier à un autre pour sélectionner des titres et de les glisser/déposer dans vos playlists situées en bas du navigateur. Cliquez sur vos playlists si vous souhaitez en changer l'ordre et y supprimer des fichiers.

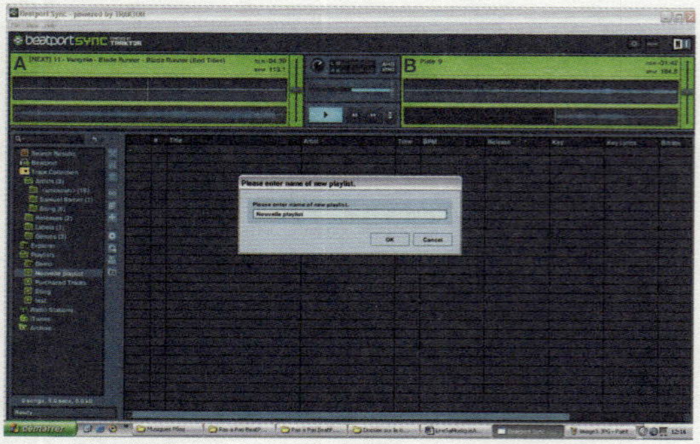

5°] - Ripper et graver des CD

Vous l'avez compris, Beat Port Sync est un logiciel très complet. En plus de ses nombreuses fonctions de player, vous pourrez également ripper un CD, c'est-à-dire transférer un CD audio sur votre PC. Pour ripper, il suffit d'insérer un CD audio, de sélectionner votre lecteur CD dans le navigateur et de cliquer sur l'icône Rip située dans la barre d'outils. Sélectionnez les pistes que vous souhaitez ripper. Vous retrouverez ensuite les pistes dans le dossier Unknown, il ne vous reste plus qu'à les classer dans vos playlists. De même, vous pourrez graver vos sélections sur un CD ou un DVD.

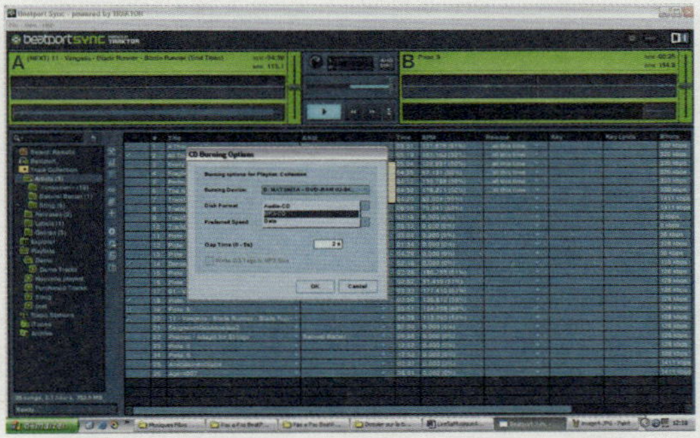

6°] - Imprimer ses playlists

Enfin, si vous souhaitez imprimer une playlist, sachez que Beat Port Sync propose également cette fonction. Elle peut être bien évidemment utile pour placer votre playlist sur une pochette de CD/DVD mais aussi pour préparer vos soirées. Après avoir sélectionné votre playlist, cliquez sur l'icône « Print CD Jewel Case Insert ». Vous verrez apparaître une fenêtre qui vous demandera de choisir d'afficher, en plus du numéro de piste et le titre, l'artiste ou le label et la durée ou le BPM. Cliquez ensuite sur OK pour voir apparaître un aperçu avant impression, il ne vous reste plus qu'à cliquer sur Imprimer.

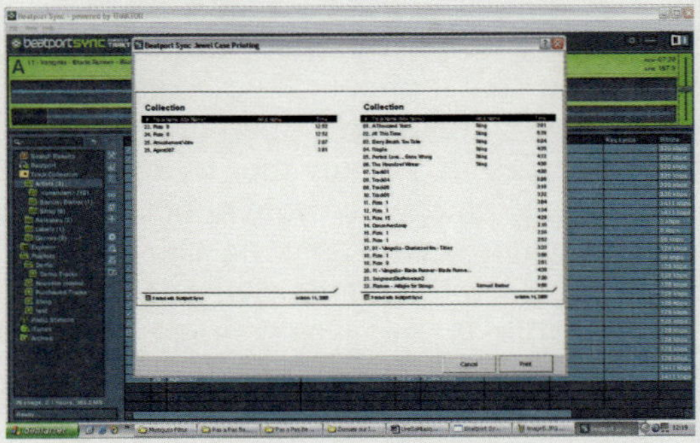

Graver avec CDBurnerXP

En plus de vingt-cinq ans, le Compact Disk (CD) s'est imposé comme le meilleur support pour la musique. Il s'est également tout naturellement imposé comme support pour nos fichiers informatiques. Malgré l'arrivée des supports de type mémoire tels que les cartes SmartMedia, MemoryStick, lecteur MP3, clé USB, etc., le CD reste toujours un support indispensable pour transporter nos fichiers et pour créer des CD audio. L'utilisation des logiciels de gravure est donc toujours une option que l'on attend de son ordinateur. Depuis tout ce temps, de nombreux logiciels se sont spécialisés dans la gravure de CD puis de DVD. Aujourd'hui, les freewares disposent de toutes les options nécessaires pour répondre à l'attente des utilisateurs.

CDBurnerXP

N'en déplaise aux éditeurs de programmes payants, voici encore un excellent freeware dédié à la gravure de CD et de DVD. Édité par Canneverbe Limited, vous pouvez télécharger CDBurnerXP sur le site qui lui est dédié : www.cdburnerxp.se. Le site est proposé en plusieurs langues mais curieusement, le français n'y figure pas. Rassurez-vous, le logiciel est disponible en version française, c'est l'essentiel pour les non-anglophones.

Sachez que CDBurner est compatible avec Windows 2000, XP et Vista. Vous devez également avoir le composant de Windows : Microsoft.NET Framework

Grâce à son interface claire et ergonomique, même les débutants en informatique peuvent se lancer dans le monde de la gravure de CD/DVD.

1°] Faire son choix

À chaque démarrage, CDBurnerXP vous demande de spécifier l'opération que vous souhaitez réaliser. Cinq choix s'offrent à vous : Disque de données, Disque Audio, Graver une image ISO, Copier le disque et enfin Effacer le disque. Chaque fonction de CDBurnerXP est détaillée, ce qui permet aux débutants de ne pas se perdre dès l'ouverture du logiciel. Si vous souhaitez paramétrer le logiciel grâce à la fenêtre « Options », il faudra auparavant choisir un des cinq choix proposés puis cliquer ensuite sur l'icône située en haut représentée par un engrenage.

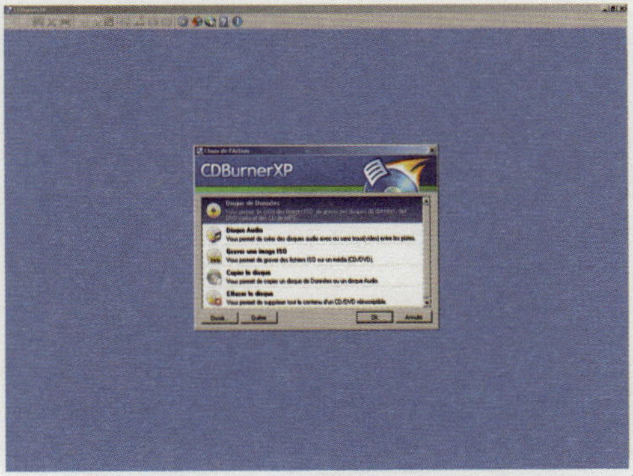

2°] Graver ses données

Premier choix possible, la sauvegarde sur CD ou sur DVD de vos données. Après avoir cliqué sur cette première icône, CDBurnerXP ouvre une fenêtre qui se décompose en deux parties : une partie supérieure présentant l'indispensable navigateur pour aller chercher sur vos disques durs les données à graver et une seconde partie inférieure pour placer les fichiers à graver. CDBurnerXP affiche dans le bas de l'écran une barre de progression vous informant sur l'espace occupé par les données sélectionnées. Une fois votre sélection terminée, cliquez soit sur l'icône « Graver la compilation existante » soit sur « Graver à droite ». Choisissez ensuite si vous souhaitez laisser ouvert le CD/DVD pour des ajouts éventuels ou finaliser le support, puis validez.

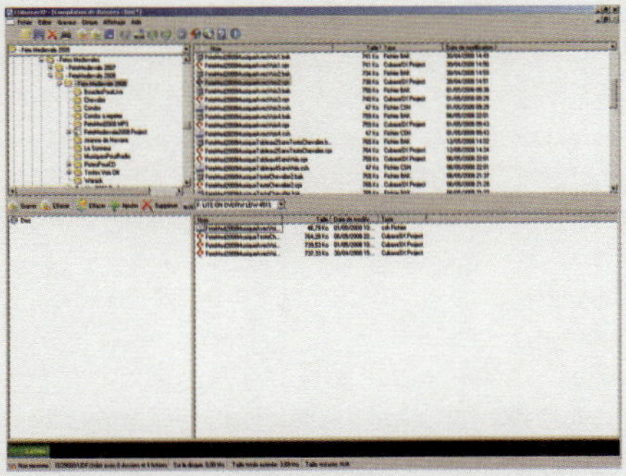

3°) Graver ses musiques sur CD/DVD

La seconde option permet de graver des disques audio avec ou sans « vides » entre les pistes (un avantage intéressant pour ceux qui souhaitent créer des disques d'ambiance). CDBurnerXP se propose de graver des disques audio avec les formats MP3, Wav, mais aussi Ogg Vorbis, Flac ou encore WMA. On retrouve toujours en haut un navigateur. On peut remarquer la présence d'une petite fenêtre avec un player (très pratique pour identifier certains titres). Glissez ensuite dans la fenêtre du bas les titres que vous souhaitez graver. Si vous avez un lecteur de CD supplémentaire, vous pourrez même glisser une ou plusieurs pistes d'un CD audio vers la nouvelle compilation sans passer par un logiciel de « ripage ». Les playlists M3U et WPL sont reconnues, idem pour les tags ID3v2. Cliquez sur « Graver » pour lancer la gravure.

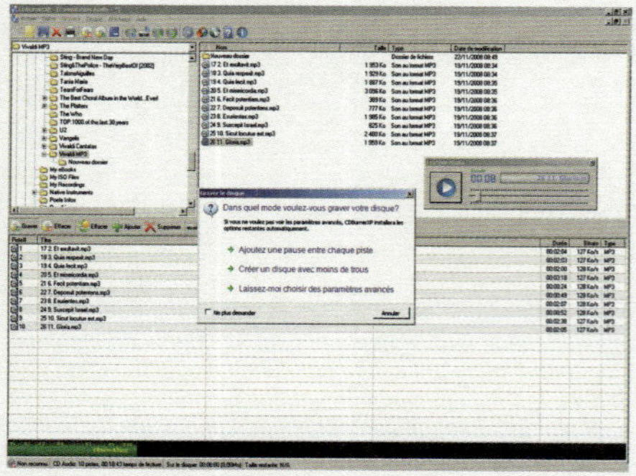

4°) Les images ISO

CDBurnerXP se permet même de vous proposer de graver des disques à partir de fichiers image au format ISO. Les images sont souvent utilisées pour réaliser une copie parfaite d'un disque avec par exemple les fichiers de démarrage (boot).

Ce n'est pas tout, il existe d'autres formats d'image et si vous cliquez sur le bouton « Convertir en ISO », vous pourrez ouvrir des images aux formats « bin » ou « nrg ».

Après avoir chargé le fichier image, il suffit de cliquer sur le bouton « Graver le disque ». Différentes options sont également proposées : Finaliser le disque, Mettre le PC en veille après la gravure…

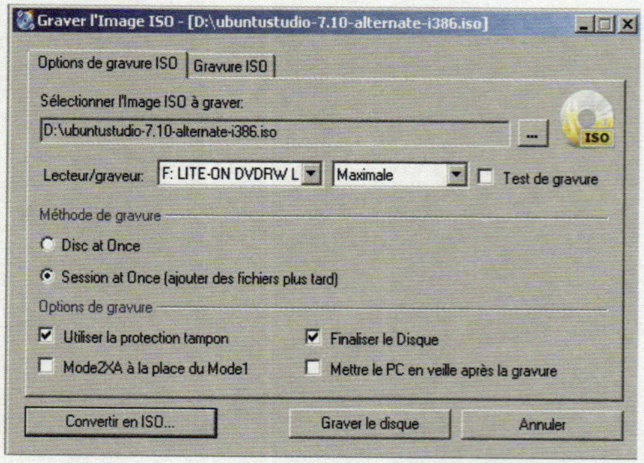

5°] Copier un disque

Fonction indispensable lorsque l'on souhaite faire une copie d'un de ses disques.
Si vous choisissez cette option, CDBurnerXP vous demande de préciser si vous souhaitez copier de l'audio ou des données. Si vous optez pour le premier choix, une petite fenêtre affichant le lecteur source ainsi que le graveur vous est proposée. Si vous n'avez qu'un lecteur/graveur, pas de problème, une copie temporaire sera faite par CDBurnerXP. Si vous choisissez de copier un disque de données, vous avez la possibilité de finaliser le disque ou non. Dans les deux cas, CDBurner vous propose également, au cas où, de faire un test de gravure.

6°] Effacer un disque

La dernière option permet d'effacer vos disques (CD et DVD) si vous avez des disques réinscriptibles. Encore une fois CDBurnerXP se démarque de ses concurrents en proposant deux méthodes d'effacement. Une première baptisée « Effacer rapidement le disque » se limitera à effacer la table des contenus mais pas les données. Cette option a l'avantage d'être plus rapide. Si vous optez pour la seconde option « Effacer le Média », CDBurnerXP effacera dans son intégralité les données du disque.

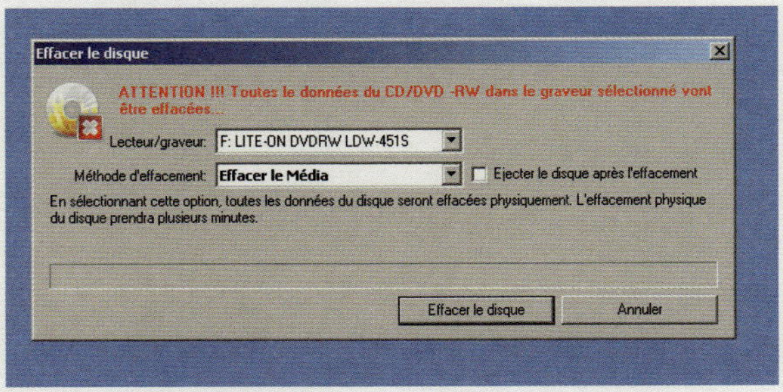

EDITIONS ESI

60, rue Vitruve, 75020 Paris

Auteurs : Nicolas Ancelot et Ganzman

Imprimé en Italie par Zanardi
Dépôt légal : juillet 2009 - Achevé d'imprimer en juin 2009 - ISBN : 978-2-35355-308-2